带内同频广播的关键技术研究

方伟伟　著

中国建筑工业出版社

图书在版编目（CIP）数据

带内同频广播的关键技术研究/方伟伟著．—北京：中国建筑工业出版社，2017.12
ISBN 978-7-112-21269-9

Ⅰ.①带… Ⅱ.①方… Ⅲ.①数据广播-研究 Ⅳ.①TN934.2

中国版本图书馆 CIP 数据核字（2017）第 236492 号

本书以广播数字化为研究背景，系统阐述了带内同频广播中国化存在的问题及解决方案。全书分为 6 章，其中第 1 章论述了广播数字化的发展现状及基础理论；第 2 章分析美国 HD Radio 中国化存在的问题，并初步给出改进的带内同频广播的模型；第 3～4 章进一步探讨并建立了该模型的干扰评价体系及数字频谱分配方案；第 5 章给出完整的改进的带内同频广播系统的方案，并进行可行性测试，从而使得全书具有极强的实用性；第 6 章对全书进行总结及对该领域未来进行展望。

本书可作为广播数字化从业人员的指导书籍，也可作为高等院校广播电视工程专业的教科书。

责任编辑：武晓涛
责任设计：王国羽
责任校对：李美娜　芦欣甜

带内同频广播的关键技术研究
方伟伟　著
*
中国建筑工业出版社出版、发行（北京海淀三里河路 9 号）
各地新华书店、建筑书店经销
霸州市顺浩图文科技发展有限公司制版
北京建筑工业印刷厂印刷
*
开本：787×1092 毫米　1/16　印张：9¼　字数：226 千字
2017 年 12 月第一版　　2017 年 12 月第一次印刷
定价：**38.00** 元
ISBN 978-7-112-21269-9
(30912)

前　言

广播数字化是广播技术发展的主流方向，也是目前国内外研究的热点。20 世纪 90 年代欧洲提出的 Eureka-147 DAB（Digital Audio Broadcasting）方案，由于需要新的播出频带，在频谱资源日益紧张的今天，DAB 的应用不但没有发展反而萎缩。美国的 HD Radio 标准采用“带内同频（In-Band On-Channel，IBOC）”技术，使用 FM 信道同时提供高清晰度的数字声音广播，是实现模拟广播到数字广播平滑过渡的最佳选择。我国于 2013 年 8 月也发布了类似的标准——中国数字音频广播（Chinese Digital Radio，CDR），在 FM 频道同时传送数字音频广播。

然而，HD Radio 和 CDR 均要求数模同播时至少占用 400kHz 信道，在中国发达地区和欧洲能保证 400kHz 间隔的 FM 台已为数不多，如果在最有潜力发展数字音频广播的区域只有少数 FM 台能实现数模同播，我们认为这样的数模同播概念是没有实际意义的，HD Radio 和 CDR 并没有真正实现数模同播。

依据 ITU-R BS. 641 模拟 FM 保护率的要求，同一地点两个 FM 台的频率间隔可以为 300kHz。为了实现真正意义上的数模同播，本书在第 2 章提出了 300kHz 频谱结构的数模同播方案，通过射频保护率的测试，表明 300kHz 频道带宽的数模同播方案能同时满足对数字音频和对模拟 FM 信号的保护率要求，可实现真正的数模同播。

同时为了解决 300kHz 频道带宽带来的数字传输能力下降的问题，本书创新性地提出了数字信号的频谱动态分配（Spectrum Dynamic Distribution，SDD）技术，并率先引入数模干扰是一个非线性过程，数模干扰噪声是随模拟信号变化的时变噪声的观点；在研究非线性时变噪声的影响时，建立了非线性失真的数模串扰模型，以对数模干扰噪声进行统计分析。通过 SDD 技术，不仅提升了数字信号的传输能力，而且解决了数模干扰时变性的问题。

其次，考虑到人耳对不同频率声音的敏感程度不同，以及人耳的时域掩蔽和频域掩蔽特性，同时为了更加真实、准确地衡量非线性失真，本书在第 3 章引入基于心理声学模型的 PEAQ（Perceptual Evaluation of Audio Quality）算法对失真进行近似主观的评价，并对 PEAQ 算法进行改进，将 NMR（Noise to Mask Ratio）与 PEAQ 相结合，提出了适用于本系统的音频评价标准，使 SSD 的效果得到进一步提升。

在第 4 章，本书提出了三种具体的数字频谱动态分配算法，包括 NMR 搬移法、频谱整体外移法、NMR 和频谱联合法（NMR and Spectrum Combined Method，NSCM）。针对流行乐、新闻、戏曲等 6 类不同类型节目，分析得出结论——NSCM 算法对于各类节目具有一致最优的带宽增益。其中，在确保不差于 FM HD Radio MP2 模式音频质量的前提下，NSCM 算法平均增加可用频谱达到 26.79kHz，相对于本研究团队之前的研究成果增加 17.19%。

最后，在本书的第 5 章，创新性地提出了新的数字音频广播数模同播方案，并利用统计分析的方法对采集的 60 分钟电台节目采用 NSCM 算法处理，在确保不劣于 FM HD Radio MP2 模式音质的前提下，相对于原 HD Radio 系统固定的数字频谱位置平均增加了 122.15%的可用频谱。本书提出的数模同播方案，解决了 HD Radio 和 CDR 的数模同播方案中在 300kHz 频道间隔时，在国内主要城市和世界上发达地区无法实现同播的致命缺陷，该方案满足调频电台的最小保护率要求，实现了真正意义上的数模同播。同时，我们仿真测试的 6 种不同类型节目和中央人民广播电台的 60 分钟音频的测试文档，可提供给同行参考。

Preface

Digital broadcasting is the mainstream of radio development, and is currently a hot research at home and abroad. Eureka-147 DAB (Digital Audio Broad-casting) scheme is proposed in 1990s, but need to increase the new broadcast band. In today's increasingly tense spectrum resources, the application of DAB not only did not develop but atrophy. U. S. HD Radio standard applying IBOC (In-Band On-Channel) technology use FM channels to provide a high-definition digital audio broadcasting, which is the best choice to achieve a smooth transition of analogue broadcasting to digital broadcasting. In China, a similar digital audio standard - CDR (Chinese Digital Radio) is also issued in August 2013; it transmits digital audio broadcasting in FM channel.

However, HD Radio and CDR need to occupy at least 400 kHz bandwidth to realize digital-analog simulcast, but there few FM stations can guarantee 400kHz channel interval in the developed area of China and Europe. If a few FM stations can achieve digital-analog simulcast in those the greatest potential for the development of digital audio broadcasting area, we believe that such a digital-analog simulcast concept is of no practical significance. HD Radio and CDR did not really realize the digital-analog simulcast.

According to the requirements of analog FM protection rate in ITU-R BS. 641, the frequency interval of two FM stations in the same place can be 300kHz. In order to realize the true digital-analog simulcast, this paper proposes a digital-analog simulcast scheme with 300kHz spectrum bandwidth in Chapter 2. By testing the RF protection ratio, we conclude that the scheme of 300kHz spectrum bandwidth can meet the protection rate for digital audio and analog FM signal, and can realize the true digital-analog simulcast.

Meanwhile, in order to solve the digital transmission capacity brought by the 300kHz spectrum bandwidth, this paper innovatively proposes a SDD (Spectrum Dynamic Distribution) technology. And first to introduce a view that the interference of digital to analog is a nonlinear process, and that the digital-analog interference noise is time-varying with analog signal. When study the influence of nonlinear time-varying noise, this paper established a nonlinear distortion model to analyse statistically the interference noise. The SDD scheme not only enhances the ability of digital signal transmission, but also solves the problem of time-varying noise between analog signal and digital signal.

Then, taking into account that the sensitivity of the human ear to different frequencies of sound is different, as well as taking into account the masking features of human ear in the time domain and frequency domain, this paper introduce a improved PEAQ (Perceptual Evaluation of Audio Quality) algorithm in Chapter 3, combining NMR (Noise to

Mask Ratio) with PEAQ based on the psychoacoustic model, to evaluate the nonlinear distortion in the way of approximate subjectively. The applying of improved PEAQ algorithm suit to the evaluation standards of the digital-analog simulcast system, and it make the SSD's effect has been further enhanced.

In Chapter 4, this paper proposes three SDD algorithms: NMR move method, the spectrum move method, and NSCM (NMR and Spectrum Combined Method). For pop music, news, drama and other six categories of different types of programs, this paper analyse and conclude that NSCM algorithms can obtain optimal bandwidth gain for various types of audios. Among them, the NSCM algorithm can obtain 26.79kHz bandwidth gains in average for six programs compared with the original system, 17.19 percent of previous study, and ensure that the the quality of analog signals is not inferior to FM HD Radio MP2 mode.

Finally, in Chapter 5, this paper innovatively proposes a new digital audio broadcasting scheme to achieve digital-analog simulcast programs. And this paper statistically analyse 60 minutes radio audio using NSCM algorithm. Simulation results shows that the NSCM method can add the available spectrum 122.15 percent of the original system, ensure that the the quality of analog signals is not inferior to FM HD Radio MP2 mode. The new scheme solves the fatal flaws of the HD Radio digital audio broadcasting that cannot realize digital-analog simulcast in the major cities of China and other developed regions of the world. Meanwhile, the proposed scheme adapts to the minimum requirements for the protection rate, and achieves the real digital-analog simulcast. The test document of 6 different types of programs and the 60 minutes audio of Central People's broadcasting station in our simulation can provide peer reference.

目　录

1 绪论

1.1 课题背景及研究意义

广播是人们获取信息和娱乐的主要媒介之一，但随着电视和网络的发展，传统的模拟广播已经无法满足人们的需求，听众需要在任何时间、任何地点接收到各种信息，并需要高的传输音质，实现这些要求的唯一途径是传统模拟广播的数字化[1]。在数字化过程中，大量的现有模拟发射台需要升级改造，产业前景巨大。广播数字化作为广播技术发展的主流方向，也是目前国内外研究的热点。

数字广播就是用全程数字技术来处理广播中的信号，数字化音频信号、视频信号，以及各种数据信号，并对数字化了的信号进行编码、调制、传递等，使信号处理全程数字化，最大限度地减小信号处理及传输带来的失真，从而避免像模拟广播那样，因受到各种干扰而出现失真的现象。数字广播替代模拟广播是发展的必然趋势[2]，我国已制定明确的广播电视数字化转换日程表。

早在 20 世纪 90 年代欧洲就提出了 Eureka-l47 DAB（Digital Audio Broadcasting）方案，其特点是使用 1992WARC 分配给它的 L 波段和甚高频（Very High Frequency，VHF）波段，每个频道占用带宽 1.536MHz，采用先进的 OFDM（Orthogonal Frequency Division Multiplexing）技术、QPSK（Quadrature Phase Shift Keying）调制和等级可变的差错保护技术等，用 MPEG 1，2 Layer 标准进行数据率压缩编码，对于立体声音频广播可提供 128kbps～192kbps 的数据率；在接收端可获得准 CD 音质的节目，以本地域广播传播为主，除了音频外，Eureka-l47 还支持数据服务[4]。

然而 DAB 系统的主要缺陷是不能与现有的 FM 广播共存。DAB 的实现方案是等数字广播发展到一定阶段，关闭 FM 模拟广播，DAB 再搬迁到 FM 频段。然而由于 DAB 系统是宽带的，每套节目所占用的带宽是 1.536MHz，DAB 目前主要安排在空闲的电视 12 频道和 L 波段（1452kHz～1492MHz），考虑到各个频道之间的频率间隔，在 FM 频段只能安排 11 个 DAB 频率块，这远远达不到人们对电台节目的需求。由此可以看出，使用 DAB 系统只能实现“整体平移”，而不能使 FM 电台逐一数字转换，即不能实现由模拟到数字的平滑过渡[5,6]。

在中国，虽然发布了 DAB 数字音频广播标准，但采用 DAB 实现数字化广播的可能性今天看已经很小。在现有调频频带内采用数模同播的广播方案，是实现模拟广播到数字广播平滑过渡的最佳选择。

带内同频（In-Band On-Channel，IBOC）技术是在现有模拟广播的同频带内实现数字广播，是广播从模拟到数字转换的一类重要的技术路线，无须打破现有的频率规划，即可实现模拟到数字的平滑过渡[7]。目前为止，很多国家如美国、中国、德国、加拿大、巴西、墨西哥、巴拿马、瑞士等都已经开始商业运行或者试运行带内同频的数字广播技术。

在我国，时任广电总局科技司司长王效杰在 2013 年的 CCBN（China Content Broadcasting Network）展会上指出，中国的下一代广播电视网（Next Generation Broadcasting

Network，NGB）要大力推进无线广播电视数字化，坚持“数模同播”。到2016年，将在300个地级以上城市建立数字音频广播传输发射系统。这更坚定了中国在广播数字化方面的发展方向是数模同播。

目前已出台的应用IBOC技术的数字广播标准主要有以下几种：

（1）DRM＋

数字调幅广播（Digital Radio Mondiale，DRM）是针对30MHz以下的中短波开展的一项数字广播技术，后根据研发该项技术的国际组织DRM而命名为DRM数字广播技术。2005年3月，该组织通过了将DRM技术扩展到174MHz的频率范围使用的建议，称为“DRM＋”。DRM＋包括现行的模拟TV波段Ⅰ（47MHz～68MHz），国际广播电视组织（International Radio and Television Organization，IRTO）FM波段（65.8MHz～74MHz），日本FM波段（76MHz～90MHz）和国际通用的FM波段Ⅱ（87.5MHz～108MHz）。

DRM＋使用COFDM（Coded Orthogonal Frequency Division Multiplexing）的调制方法，占用100kHz的射频带宽，最多可传输186.6kbps的数据率，最少可使一套节目达到CD质量。通过使用MPEG-4 HE AAC（Advanced Audio Coding）高效的音频编码方式，一个频道可同时传送4套节目。同时，DRM＋有室内接收以及以300km/h的速度移动接收的可能性，有构成同步发射网的能力。由于DRM＋的射频带宽限制在100kHz以内，它可以充分利用现有模拟FM广播的频率空隙进行数字广播，也可以与FM节目一起进行同播，因而特别适合于地区性与地方性FM电台的数字化[5]。

然而，对于DRM系统来说，发射端可以利用现有的发射机，稍加改造即可适应DRM广播。但接收端必须采用全新的DRM接收机才能接收DRM广播，这势必会影响用户的数量和DRM技术的推广。

（2）HD Radio

1990年，美国数字广播集团提出了IBOC的广播数字化方案，利用现有的AM/FM频段，在单独的AM/FM频段内同时传送模拟和数字信号，不需要重新进行频谱规划。2000年8月，朗讯科技数字无线通信公司和美国数字广播集团公司合并成立了iBiquity数字通信公司，专门致力于美国广播数字化方案的技术研究和实验测试工作[9]。经过全面的实验测试和现场测试，2002年，iBiquity数字合作小组向美国国家广播制式委员会（National Television Standards Committee，NTSC）提交了详尽的测试报告，总结性地说明了iBiquity的IBOC系统可以合成到现有的模拟AM/FM系统中而不带入噪声的影响，满足了广播业、消费电子业和广大听众的要求。鉴于在数字电视广播中有高清晰度电视（High Definition Television，HDTV），为与其相对应，FM-IBOC和AM-IBOC分别更名为FM HD Radio和AM HD Radio，统称高清晰度广播（High DefinitionRadio，HD Radio）[11]。HD Radio代表了现有模拟广播信息服务的一个建设性的革新，在2002年，HD Radio技术被美国的联邦通信委员会（Federal Communications Commission，FCC）批准为美国AM与FM波段的数字广播标准[12][13]。

应用IBOC技术的美国FM HD Radio系统，是目前最大范围成功商用的数字声音广播标准。然而，根据我国频谱使用情况，HD Radio系统在国内应用前亟须解决频谱占用过宽及数模干扰时变性等问题。

(3) CDR

中国数字音频广播（Chinese Digital Radio，CDR）是按广电总局战略发展规划自主研发的数字音频广播标准，在一个调频频道内实现模数同播或全数字化播出多套广播节目。从2007年底，广科院利用财政部基本科研业务费支持，开展了自主知识产权的调频数字音频广播系统研究。2011年，在广电总局指导下，广科院牵头承担科研项目《数字音频广播传输关键技术和系统研发及试验》。2013年8月，《调频频段数字声音广播　第1部分：数字广播信道帧结构、信道编码和调制》作为标准GY/T 268.1正式发布，而后又颁布了技术标准GY/T 268.2《调频频段数字音频广播　第2部分：复用》，其他配套的标准还正在制定之中。

CDR标准中的频谱模式有3种，分别是单声道调频同播模式、立体声调频同播模式和全数字模式。其中单声道调频同播模式和立体声调频同播模式是在一个调频频段内共同传输模拟信号和数字信号，实现数模同播；全数字模式中调频频段只传输数字信号。在CDR的数模同播模式中，单声道调频FM信号占用带宽200kHz，数字信号与单声道调频FM信号的频谱接入方式多达18种，此时一套单声道数模同播节目占用频谱300kHz～800kHz；立体声调频FM信号占用带宽300kHz，数字信号有13种与立体声调频FM信号的频谱接入方式，一套立体声数模同播节目占用频谱400kHz～800kHz。

在此背景下，课题组在2010～2013年间对IBOC系统存在的问题进行了深入研究，总的来说完成了以下几个方面的工作[83]：统计分析了数模同播系统中模拟FM信号的有效带宽，发现模拟FM调频信号的有效带宽会出现大量的时变空闲频谱[84]，这为课题的展开提供了数据支撑；根据模拟FM有效带宽的时变特性，提出了基于动态频谱的400kHz频道间隔数模广播系统的技术构想[85～88]，这为研究工作的展开提供了基本框架；并提出了NMR移位受限法等动态频谱接入的算法，提高了数模同播系统数字信号的可用带宽。

本书将在这个研究的基础之上，通过基于心理声学模型的音质评价体系，提出改进的优化频谱动态分配技术，构建和完善300kHz频谱模板的数模同播系统。重点研究数模同播系统的数模干扰解决方案、适合数模同播系统的干扰评价体系的建立和数模同播系统中的数字频谱动态分配技术，并探讨数字频谱动态分配技术对数模同播系统的贡献，构建适合中国国情的数模同播系统方案。

1.2 国内外研究现状

1.2.1 HD Radio系统的研究现状

自2002年HD Radio技术被美国FCC批准为美国的数字声音广播标准之后，截至

2014 年 4 月，在美国的 250 个城市中，共有 2036 个 AM 和 FM HD Radio 广播电台，覆盖人口大约为 2.5 亿，占美国总人口的 85%[14]。HD Radio 系统在很多国家已经开始商业运行或者试验运行，开展商业运行的包括巴西、多米尼加、牙买加、墨西哥、巴拿马、菲律宾和瑞士；试验运行国家包括印度尼西亚、罗马尼亚、乌克兰和泰国；同时在一些国家完成了外场测试及验证，包括加拿大、中国、捷克、德国、新西兰和波兰[15]。

在我国，技术人员很早就开始对 IBOC 技术和 HD Radio 系统进行跟踪和研究。国家广播电影电视总局广播科学研究院在北京开展了 HD Radio 系统实验室测试和小规模外场试验，并进行了固定及移动接收的测试工作，以深入了解 HD Radio 数字广播的传输覆盖特性，客观评估 HD Radio 广播系统对现有模拟调频广播的影响。广科院所做的外场试验工作从 2008 年 3 月正式开始，共计完成了 21 次移动接收测试和 8 次固定接收测试[16]。HD Radio 小规模试验结果发现：随着数字功率的逐渐增大，HD Radio 数字广播的覆盖范围逐渐增大，在数模功率比为－10dB 时（HD Radio 数字信号功率 100W），已经可以基本覆盖北京五环以内主干道，测试移动接收速度可达 100km/h 左右；但对于四环和五环中间区域，由于相对主干道地势较低和楼群遮挡等原因，HD Radio 数字广播覆盖情况并不太理想。根据移动接收测试过程中宿主调频广播的实际收听情况，HD Radio 数字广播信号的覆盖范围仍然和宿主模拟调频广播有一定的差距[17][18]。

虽然美国 FM HD Radio 系统已经大范围应用，但 FM HD Radio 系统需要占用 400kHz 频谱。目前，我国调频广播频段内频谱资源非常紧张，在现有的频率规划参数和实际传输环境下此技术方案在我国实施困难。如何可以在保证现有传输能力基础上减少系统所占用频谱资源，是 IBOC 技术在国内应用的关键。

近年来，关于 HD Radio 技术的研究主要集中在三个方面，其中一方面是如何提高 HD Radio 系统的接收性能，比较经典的有 Feng Yunfei[19]等人提出的将比特交织编码调制（Bit Interleaved Coded Modulation，BICM）技术应用于 HD Radio 系统，利用 BICM 技术在有限带宽条件下有效抵抗瑞利衰落的特性，提高系统的译码性能。基于 Feng Yunfei 的研究，刘佳[20]、Song Yang[21]、Liu Shuyang[22]、Fang Weiwei[23]等人分别将编织码、空时分组码（Space Time Block Code ，STBC）、低密度奇偶校验码（Low Density Parity Code，LDPC）、Turbo 码应用到 HD Radio 系统中，研究发现相比较 HD Radio 原有的卷积码能带来更高的编码增益，最多可达 4dB。不仅如此，作者在研究生阶段也对 HD Radio 系统进行了研究，研究发现 HD Radio 系统最适用的映射方式为半集分割（Semi-Set Partitioning，SSP）映射[24]。HD Radio 研究的第二个方向为周敏[26]等人在信道复用方面所做的研究，周敏等人提出一种在系统数据链路层应用联合码率控制的方法实现逻辑信道业务复用的方法，可充分利用系统带宽，实现最优的资源分配。HD Radio 系统的第三个研究方向是第一邻频的干扰分析，郑德亮[27]等人分析了 FM HD Radio 系统中第一邻频道的干扰问题，提出了一种新型的互补增信删余卷积码（Complementary Punctured-Pair Convolutional Codes，CPPC）以改善第一邻频引起的干扰。

上述方法虽然对系统传输性能有一定的提升，但并不能从根本上解决 HD Radio 频谱占用过宽、同频数模噪声时变性的问题。至于与本书相关的一些问题，例如将心理声学模型算法、频谱动态分配技术引入到带内同频系统中，我们还未检索到相关文献。

1.2.2 音质评价技术的研究现状

根据评价主体的不同，音频质量的干扰评价方法可分为主观评价和客观评价两类。主观评价方法以人为主体，对声音的质量做出主观的等级评价或者做出某种比较结果，它反映听评者对语音质量好坏的主观印象。客观评价是指用机器自动计算音频信号的某个特定的参数，以此来表征声音的失真程度，从而评估出音频质量的优劣。

自20世纪90年代以来，大量专业机构和学术团队在主观评价的标准化方面，做了大量的研究工作，相继制定了一系列ITU（International Telecommunications Union）标准：ITU-T P. 800[28]、ITU-T P. 830[29]、ITU-T P. 835[30]、ITU-RB S. 1116[31]和ITU-RB S. 1534-1[32]。ITU-T推荐使用的主观评价有以下几种：绝对等级评价（Absolute Category Rating，ACR）[33]、失真等级评价（Degradation Category Rating，DCR）[34]和相对等级评价（Comparison Category Rating，CCR）[35]。其中，ACR法通过平均意见分(Mean Option Score，MOS）对失真语音进行主观评价。这种方法由于不需要参考语音而比较灵活，但却导致一定的不公平性。DCR法使听音人按一定标准描述参考语音和失真语音的差异，从而得出失真平均意见分。CCR方法在DCR法的基础上，打乱参考语音和失真语音的顺序，听音人评价当前语音相对前一个语音的好坏，得出相对平均意见分。总体来说，由于人是声音的最终感知者，因而主观评价形式直接，能反映音频质量的真实情况。但当对大量音频进行评价时，耗时、耗力，成本高，关键是难以实现实时性的要求。

客观评价方法研究声音信号的客观评价和判断，也可以称为“寻求声音的心理学参数与物理学参数之间的关系”。时频分析技术研究时间历程构成和频率构成与心理学参数和声品质分板的关系。其中，一个比较简单的方法是针对某些产品，分析一些明显特征信号的频谱特征，通过产品的频谱特征的分析来识别产品的声品质特点，美国的HVAC计划和国内的格力电器公司都用到该方法。在韩国科学技术学院的研究中就运用正交矩阵法分析声品质与频谱构成之间的关系。部分学者致力于提出新的声品质客观量并基于现有的声品质参数提出一个客观的综合评价参数。虽然声品质的客观量的数目持续增长，但许多是针对特定的噪声问题提出的，不能够通用。美国HVAC计划就分析了几种典型的声事件的特点，寻找对应的频谱构成的特点，基于频谱特点提出一个新的客观量实现声品质的客观分析。近几年来，神经网络技术在声学领域得到了广泛的应用，例如将神经网络技术应用于无损评估中的声源定位识别、对于超声信号的目标形状距离的可视化研究、房间混响时间的预估计算，以及心理声学方面对于双耳听觉模型的声定位等方面[89]。当然，研究客观评价的目的只是为了提高评价的效率，客观评价不能取代主观评价，客观评价的结果需要通过主观评价来验证。

1979年，Schroeder提出了噪声响度（Noise Loudness，NL）的概念[36]，成为提出“利用客观声学指标来表达主观印象”的首位学者。Schroeder借用心理声学的观点，定义当信号噪声处于遮蔽门限以下，则信号的噪声响度为0。1985年，Karjalainen又提出了一种基于滤波器组的听觉频谱差异模型[37]（AuditorySpectral Difference，NSD），进一步提高了客观感知评价的准确度。1987 年，Brandenburg 提出了噪声掩蔽比（Noise to Mask Ratio，NMR）模型[38]，该模型引入扩散函数来代替掩蔽门限，并首次将音频声码器的评价方法在硬件上进行实现。此后十年，学者 Beerends[39]、Paillard[40]、Colomes[41]等又陆续改进和完善了客观评价的感知模型。1998 年以后，ITU 提出一系列基于人类感染的音质客观评价标准，以达到客观评测结果与主观评测结果之间的高度相关。这类评价标准有：ITU-T P. 861（PSQM 法）[42][43]、ITU-T P. 862（PESQ 法）[44]/P. 862. 2（W-PESQ 法）[45]、ITU-T P. 562[46]、ITU-TP. 563[47] 和 ITU-R BS. 1387 (PEAQ 法)[48]。其中，PEAQ（Perceptual Evaluationof Audio Quality）算法是目前已知的客观评测方法中与主观评测相关度最高的方法，与主观评价的相似度可达到 0. 95。

1. 2. 3 频谱动态分配技术的研究现状

2000 年，由 Joseph Mitola 提出的认知无线电（Cognitive Radio，CR）技术[49,50]，其本质就是通过频谱检测技术实现频谱的动态分配，以达到频谱资源的重复利用。认知无线电的定义从广义上来说，是指无线通信系统具有足够的智能或者认知能力，通过对周围无线环境的历史和当前状况进行检测、分析、学习、推理和规划，利用相应结果调整自己的传输参数，使用最适合的无线资源（包括频率、调制方式、发射功率等）完成无线传输。

目前，无线电频谱资源匮乏，CR 已成为无线通信的热点研究领域，一些研究机构、项目组织都相继开展了相关研究，如美国加州大学 Berkeley 分校、美国 Georgia 理工学院宽带和无线网络实验室、弗吉尼亚理工大学、美国军方国防高级研究计划署（Defence Advanced Research Projects Agency，DARPA）的下一代无线通信（NeXt Generation，XG）项目、欧盟的端到端重配置（End to End Reconfiguration，E2R）项目等。在这些项目的推动下，在基本理论、频谱检测、频谱共享、网络架构和协议、与现有无线通信系统的融合以及原型开发等领域取得了一些成果。

CR 的关键技术包括 CR 的频谱检测技术、CR 的频谱共享技术和 CR 的频谱管理技术[51]。频谱检测算法能否有效地检测到待测频段中出现的频谱空洞直接决定了频谱动态分配的效果。目前，国内外实现频谱动态分配的检测技术主要有：能量检测、匹配滤波器检测、循环平稳特征检测和时频检测法[52,53]等。1967 年 Urkowitz 提出的能量检测算法[54]，虽然检测结果比较满意，但对强干扰、功率变化噪声和不确定噪声极其敏感。阿莫罗索[55]对 Urkowitz 提出的能量检测算法进行改进，使能量的检测门限值可以根据实时的噪声大小而改变，提高了检测效率。在匹配滤波器检测方面，国内的隋丹[56]、张瑛瑛[57]等在 2008 年分别提出了基于主分量分析的短时能量检测方法和协作式能量检测方法，在达到相同检测结果的前提下，大大减小了运算的复杂度。M. K. Simon[58]则有效地结合了能量检测算法和匹配滤波器算法，在抑制背景噪声的基础上进行能量检测。加德纳在 1987 年提出的循环平稳特征检测算法[59~63]，建立了微弱信号的统一架构。国内的陈星等[64]在加德纳算法的基础上利用多天线的空间分集特性，提出了多天线合并循环检测法，大大提供了频谱检测效率。

然而，认知无线电中依靠频谱检测实现频谱动态分配的技术，只是对用户是否占用频谱资源做出判断，检测结果只有两种——“是”或者“否”，并不能对用户当前占用频谱的多少进行量化，这与本书提出的频谱动态分配技术有本质上的差别。

1.3 HD Radio 系统存在的问题及改进目标

美国 FM HD Radio 系统在模拟频带内同时传送数字信号，不需要增加新的数字广播频段就可以提供高清晰度的数字声音广播与数据业务，实现从模拟广播到数字广播的平稳过渡，是一种非常实用的创新。然而，美国的 HD Radio 系统在实际应用时存在着很多缺陷，主要包括以下三点：

(1) HD Radio 的频谱结构对我国不适用。HD Radio 信号的带宽是 0kHz～±198.402kHz，当两个 HD Radio 电台的频道间隔约为 400kHz 及以上时，不论两个电台是否在同一个地点播出，则相邻频道都可保证互不影响，各自台都可实现数模同播。但是，在中国的一线城市和主要的欧洲国家，电台密集度很大，只有为数不多的 FM 电台能保证 400kHz 间隔且互相不受影响，从而可通过升级改造实现数模同播。在这种情况下，HD Radio 不能在我国大范围推广和使用，这样的数模同播概念是没有实际意义的，HD Radio 在我国需要改进使用。

HD Radio 频谱结构改进策略：考虑到我国频率规划情况，电台之间的频率间隔为 100kHz 的整数倍，因而能考虑使用的数模同播广播的频率间隔为 100kHz、200kHz 和 300kHz。

① 100kHz 频率间隔：由于 HD Radio FM 信号的卡森公式带宽是 0kHz～±128kHz，因而 100kHz 的频率间隔并不能满足两个 FM 模拟电台的正常播出，在数模同播系统中带来的干扰会更大，根本不能使用，因而 100kHz 的频率间隔不予考虑。

② 200kHz 频率间隔：对于频率间隔为 200kHz 的 HD Radio 系统，要分别考虑对数字音频和对模拟 FM 信号的影响。

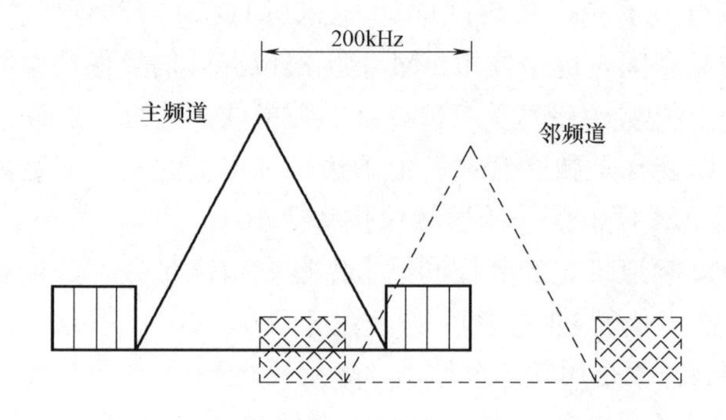

图 1-1 HD Radio 频道间隔 200kHz 时干扰情况

对数字音频的干扰方面，图 1-1 显示两个 HD Radio 电台频率间隔为 200kHz 时相互之间的频谱干扰情况。从图 1-1 可以看出，当两个频道间隔为 200kHz 的 HD Radio 频道在同一个地点播出时，任一频道一侧的数字信号都会完全湮没在另一个频道的有效带宽内，数字音频将不满足射频保护率的要求。

另一方面，频率间隔为 200kHz 时，FM 模拟信号也不满足射频保率的要求。图 1-2 显示不同情况下对 FM 模拟信号的射频保护率曲线，标记黑色·的是 ITU 规定的 FM 频道干扰 FM 频道的保护率曲线，标记黑色×的是德国测试的 HD Radio 干扰 FM 频道的保护率曲线。从图中可以看出，在频道间隔为 200kHz 时，HD Radio 干扰 FM 的射频保护率达到 21dB，比 ITU 给出的 FM 干扰 FM 保护率高出约 14dB，根本不满足模拟 FM 信号对射频保护率的要求。

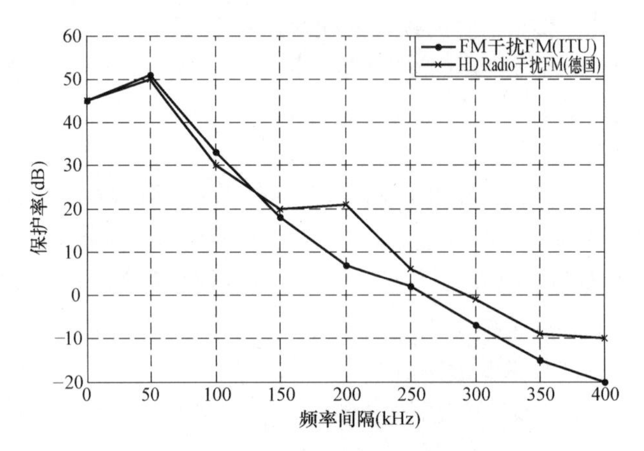

图 1-2 射频保护率曲线对比

通过以上两方面的分析，HD Radio 系统的频率间隔为 200kHz 时，数字音频和模拟 FM 信号都不满足射频保护率的要求，200kHz 的频率间隔不适用。

③ 300kHz 频率间隔：对于频率间隔为 300kHz 的 HD Radio 系统，仍然分别考虑对数字音频和对模拟 FM 信号的影响。此时，对数字音频的干扰方面，本频道的数字频谱与邻频道的数字频谱仍有部分重叠，数字音频不满足保护率的要求。

同时，从德国测试的射频保护率曲线看出，在频率间隔为 300kHz 时，HD Radio 对 FM 的射频保护率值小于 0dB，模拟音频可满足射频保护率的要求。而且从 ITU 测试的 FM 干扰 FM 的曲线可以看出，频率间隔达到 300kHz 时，射频保护率的值达到 0dB 以下，所以 300kHz 的频率间隔也是模拟 FM 干扰模拟 FM 信号保护率的极限。

因而，本书尝试构造频道带宽为 300kHz 的数模同播系统。这样，在两个电台的频率间隔为 300kHz 时，既能保证数字音频的上下边带都不被湮没，满足数字信号的射频保护率要求，又能满足对 FM 模拟信号的射频保护率要求。

(2) 虽然 300kHz 频道带宽的数模同播方案能同时满足数字信号和模拟信号的保护率要求，但还需解决数字信号的速率问题。由于 HD Radio 系统中模拟信号占用带宽 0kHz～±129.361kHz，当采用频道间隔为 300kHz 的数模同播方案时，数字信号仅能占用±129.361kHz～±150kHz 的频带。此时，数字信号的双边带带宽约为 40kHz，按照 HD Radio 系统 0.948bps/Hz 的带宽利用率，仅能传送 37.92kbps 的净信息速率，远不能满足一路立体声广播的要求，这就需要在 300kHz 的数模同播方案中提出有效措施，以达到对数字速率的需求。

另外，由于 FM 模拟接收机的解调是一种非线性的信号处理方式，当数模混合信号同时经过FM解调器时，数字信号串扰到模拟信号的频谱内，导致随着模拟音频的变化，固定位置的数字信号对模拟音频的影响具有时变性。这可以通过数字频谱的动态分配来改变数模噪声时变性的缺陷，并同时增加数字信号的可用频谱资源，以达到传送立体声音频广播对速率的要求。

（3）在应用数字频谱动态方案解决噪声时变性及增加可用频谱资源时，涉及的问题是动态的数字频谱对同频道模拟信号音质的影响。由于人耳对于不同频率噪声的敏感程度不同，人耳对声音的感受也具有时域掩蔽和频域掩蔽的特点，因而更准确地衡量音质的方法是使用基于心理声学模型的算法，数字频谱的动态分配应该以不降低同频道模拟信号的音质为前提。基于心理声学模型的评价方法的建立，将进一步地提高可用的数字频谱资源。

因而，通过解决以上问题，提出新的数字音频广播数模同播方案，才是我国模拟广播数字化的必然方向。本书的目标是在不影响模拟音质的前提下，利用基于心理声学模型的音质评价体系和数字频谱动态分配技术，扩展数字信号的可用频谱资源，构建300kHz频道带宽的数模同播系统。

1.4 本书内容和章节安排

本书以数模同播的广播系统为背景，提出新的数字音频广播数模同播方案，其核心是根据同频模拟信号的参数动态调整数字信号的带宽，并引入心理声学模型作为动态频谱调整的判决依据，使同播的模拟信号音质在不劣于HD FM Radio的条件下拓展了数字信道，为实现300kHz信道间隔的数模同播提供理论依据和技术指导。

本书各章的基本结构如下：

第1章介绍课题研究背景及意义，并分析HD Radio系统的国内外研究现状，以及与本课题相关的音质评价技术和频谱动态分配技术的研究现状，提出HD Radio系统存在的问题，并给出改进的方向。

第2章分析HD Radio系统的邻频干扰和同频干扰，并提出干扰解决方案。首先，介绍美国FM HD Radio标准的物理层频谱结构和数字信号的纠错编码方案；而后，分析相邻HD Radio电台频谱达不到400kHz时带来的干扰，并给出解决方案，为后续提出窄带数模同播系统方案打下基础；其次，分析了固定的数字频谱结构带来的非线性噪声的影响，并提出数字频谱动态分配技术解决数模干扰时变性的缺陷，为后续数模同播方案的提出提供技术支撑；进一步，综合HD Radio系统邻频干扰和同频干扰的解决方案，提出了改进的数模同播广播系统模型，为后续提出具体的数模同播广播方案提供模型框架。

第3章提出数模同播系统的干扰评价体系。首先分析衡量音频信号质量的各项指标，主要包括主观评价指标、信噪比指标及心理声学指标，引入基于心理声学模型的PEAQ算法对非线性失真进行近似主观的评价；并对PEAQ算法进行改进，将NMR与PEAQ相结合，提出了适用于本系统的音频评价标准，为后续提出频谱动态分配算法制定质量界限。

第 4 章提出三种可行的频谱动态分配算法。本章以美国 HD Radio 系统性能作为参照，提出了三种可行的频谱动态分配的算法—NMR 搬移法、频谱整体外移法、NMR 和频谱联合处理法，分析了各种算法在保证与参照系统接收模拟音质相同的情况下新增可用频谱的特性。

第 5 章基于前面章节的研究成果提出一种新的数字音频广播数模同播方案。其核心是在同播的模拟信号音质不劣于 HD FM Radio 的条件下，根据同频模拟信号的参数动态调整数字信号的带宽，拓展数字信号的带宽，为实现 300kHz 信道间隔的数模同播创造条件。然后，测试了新系统的射频保护率曲线，分析了该系统的音质情况及所能提供的数字信号速率，并给出该系统的变速率解决方案，证明本章提出的数模同播方案的可行性。

第 6 章总结论文所做的工作，并指出了进一步的研究方向。

2 HD Radio系统干扰问题研究

本章以美国FM HD Radio系统为研究对象，详细分析了其物理层频谱结构和数字信号的纠错编码方案。根据其频谱结构的特点，分析相邻HD Radio电台频谱达不到400kHz时带来的干扰，并给出解决方案，进一步地通过测试射频保护率曲线证明解决方案的有效性；对于HD Radio系统同频带内的数模干扰问题，率先引入了数模干扰是一个非线性过程，数模干扰噪声是随模拟信号变化的时变噪声的观点，建立了非线性失真的数模串扰模型，并创新性地提出了数字信号的频谱动态分配（Spectrum Dynamic Distribution，SDD）技术，为后续数模同播方案的提出提供技术支撑。

2.1 HD Radio系统概述

HD Radio系统设计的建议最早是由iBiquity公司的前身之一美国数字广播公司（USA Digital Radio）于1998年提出。后来，经过不断地测试与修改，2002年，iBiquity数字合作小组经过全面的实验测试和现场测试，向美国国家广播制式委员会提交了详尽的测试报告，说明了iBiquity的IBOC系统可以合成到现有的模拟AM/FM系统中而不带入噪声的影响。同年，HD Radio技术被美国FCC批准为美国AM与FM波段的数字广播标准。2005年9月，NRSC正式发布了IBOC/HD Radio系统标准规范文本，该系统正式成为美国数字音频广播标准。

HD Radio技术除了具备一般数字广播的优点之外，还有以下几个特点：

（1）提供了三种广播模式：Hybrid Mode（混合方式）、Extended Hybrid Mode（增强型混合方式）、All Digital Mode（全数字方式），使广播者和用户都可以平滑地过渡到数字广播，减小了广播数字化过程带来的冲击；

（2）采用带内同频技术，传输数字音频时无须进行新的频率规划和分配；

（3）模拟广播所使用的发射塔和天线等基础设施都可以继续使用，数字化改造的耗资相对较少，这将明显减少管理机构的管理压力。

2.1.1 HD Radio系统的频谱结构

从频谱的角度区分，FM IBOC系统有三种基本的广播方式：混合方式、增强型混合方式和全数字方式，以便于灵活地从模拟广播系统过渡到数字广播系统。

这三种广播方式是从模拟到数字的一个逐渐过渡过程，其中，在Hybrid和Extended Hybrid广播方式中，模数信号共存，电台的400kHz信道间隔中都有一部分用来传送现有的FM信号；而All Digital广播方式，则不再传送FM信号，400kHz频道间隔内的频谱都用来传输数字信号，是一种全数字的广播方式。这三种模式的数字信号均采用了正交频分复用（Orthogonal Frequency Division Multiplexing，OFDM）的多载波调制方式，提高了HD Radio系统的抗干扰能力。

（1）混合方式

HD Radio 混合模式即 MP1 模式的射频信号由模拟 FM 信号和数字信号两部分组成，其频谱相对位置如图 2-1 所示，其中 0Hz 对应实际信道中的载波频率。

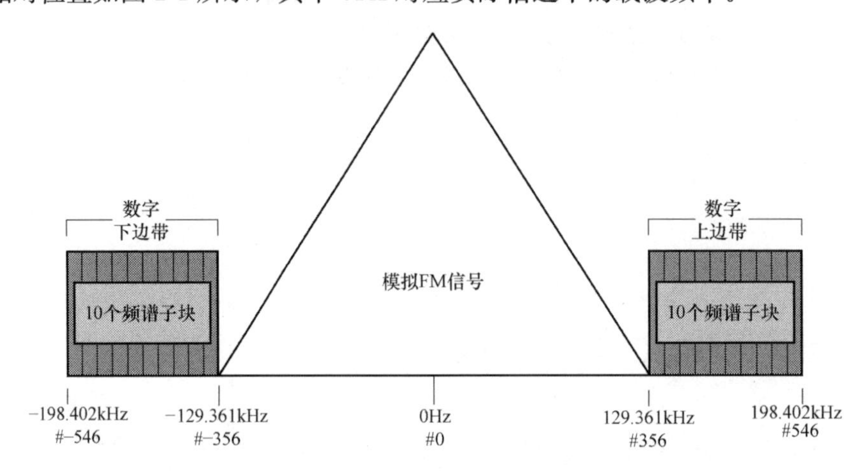

图 2-1　FM HD Radio Hybrid 广播方式下频谱结构

从图 2-1 中可以看出，整体 Hybrid 信号带宽为±200kHz；其中模拟信号占用的频谱是－129.361kHz～129.361kHz，对应子载波编号＃－356～＃356，可用来传输单音信号或立体声信号，也可以包含辅助通信认证信道；数字信号分为下边带和上边带两部分，占用的频谱分别为－198.402kHz～－129.361kHz 和 129.361kHz～198.402kHz，每个数字边带包含 10 个频谱子块（Frequency Partitions，FP），称为 PM（Primary Main）频带；FM 两侧的数字信号功率低于 FM 总功率的 15dB。

HD Radio 混合方式中以±129.361kHz 作为模拟与数字信号频谱的分界点，标准中指出，在满足发射功率要求的前提下，数字信号放在模拟调频信号的有效带宽之外不会对其造成干扰。

（2）增强型混合方式

Extended Hybrid 广播方式是根据广播业务的需要，将数字信号频带在 Hybrid 频谱的基础上向模拟 FM 信号的频带扩展 1、2 或 4 个频谱子块，分别对应 HD Radio 的 MP2、MP3 和 MP11 模式，从而增加了数字信号信道容量，但同时降低了原有 FM 模拟信号的质量。扩增的频谱分配在每个主边带的内侧，称为 PX（Primary extended）频带。Extended Hybrid 广播方式的频谱相对位置如图 2-2 所示。

（3）全数字方式

All Digital 广播方式是 HD Radio 系统最终要实现的目标，在该广播方式下电台的整个频带都用来传送数字信号。这种全数字方式中原有传送模拟 FM 信号的频带被数字信号所占用，并允许这部分数字信号在次边带中以较低的功率发送。

图 2-3 显示了全数字方式中主次边带的划分以及相对功率的分布。其中次边带靠近中心副载波的 10 个频谱子块称为 SM（Secondary Main）频带，靠近主边带的 4 个频谱子块

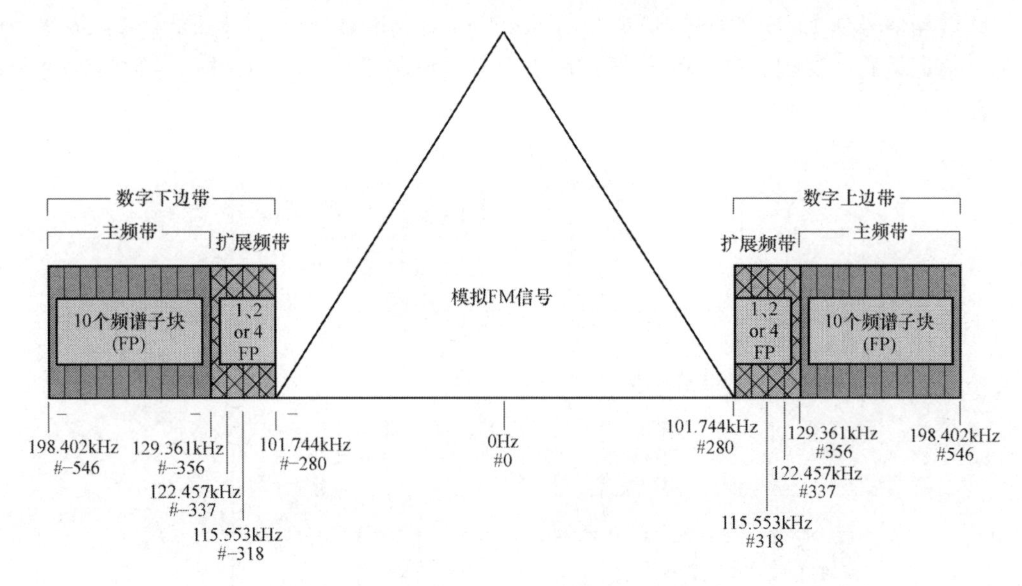

图 2-2 Extended Hybrid 广播方式下频谱结构

称为 SX（Secondary Extended）频带，在 PX 频带和 SX 频带之间有 12 个副载波，称为 SP（Secondary Protected）频带。

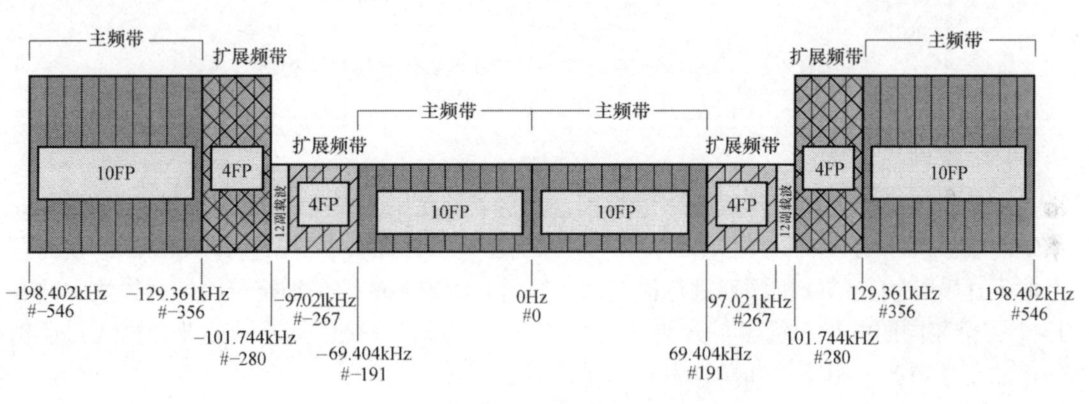

图 2-3 All Digital 广播方式下频谱结构

在全数字方式中，IBOC 基带频谱以 0Hz 为中心，占用频带 −198.402kHz～198.402kHz，对应子载波编号 #−546～#546，共 1093 个子载波，子载波间隔 Δf=363.373Hz。

2.1.2 HD Radio 数字信号纠错编码方案

广播系统通过空间中的电磁波将音频信号传送给接收机，而空间无线信道的传播特性远不如电缆、光纤、卫星信道稳定，特别是在城市环境中和移动接收情况下，由于多径传播所形成的频率选择性衰落和延时扩展，以及建筑物遮挡所形成的阴影效应，使接收质量受到严重影响。因而必须采取有效的抗干扰措施，以保证接收机接收的效果。

图 2-4 显示 HD Radio 系统数字信号物理层各传输模块的流程图。从图中可以看出，

音频和数据信号从 Layer2 通过 SAP（Service Access Point）接口进入 Layer 1，依次经过加扰、信道编码、交织、OFDM 子载波映射后，最终将生成的 OFDM 信号通过发射子系统传输出去。

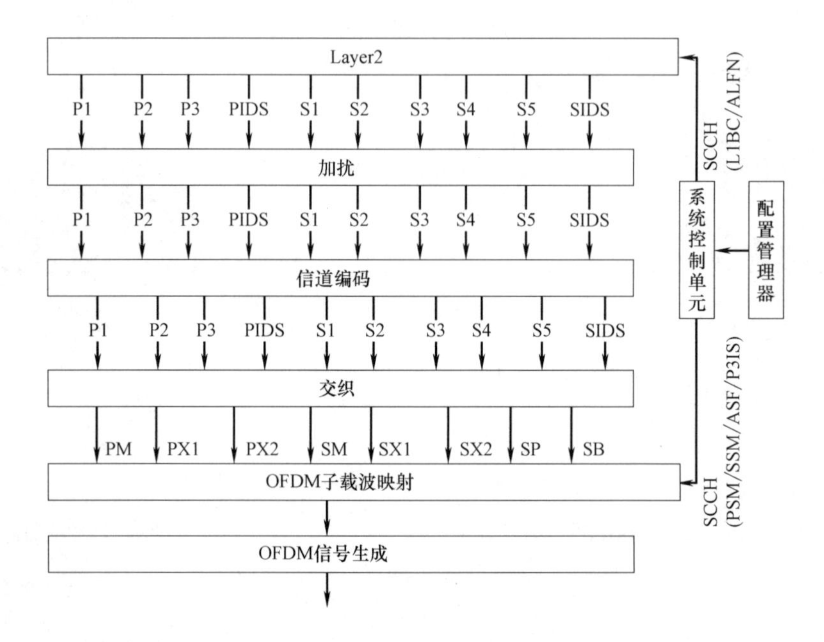

图 2-4　HD Radio 系统数字信号物理层传输模块流程图

（1）加扰器

加扰模块的作用是将各逻辑信道数据进行随机化处理，使信号频谱弥散。HD Radio 系统的本原多项式为 $p(x)=1+x^2+x^{11}$，加扰器模型如图 2-5 所示。Layer2 传输帧的各个输入比特与相应的随机序列进行模 2 加运算后，所得到的即是加扰传输帧。模块中共有 10 个完全相同的并行加扰器，分别对应 10 个逻辑信道，系统根据不同的业务模式对逻辑信道的配置情况，相应地选择其中几个加扰器。

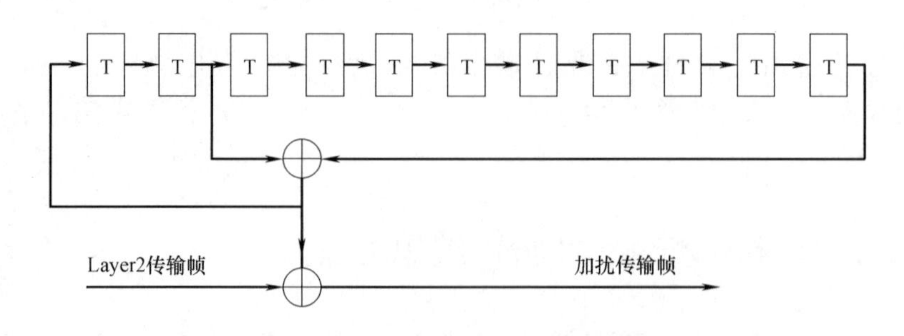

图 2-5　HD Radio 系统加扰器原理图

（2）纠错编码

通信系统中纠错编码的本质是利用数字信号的冗余度来提高可靠性。对任何一种特定的编码方式来说，码率与纠错性能成反比。但不同的编码方式拥有不同的渐进纠错性能。

删除卷积码可以在占用尽可能少带宽的情况下，获得足够高的编码增益，从而在带宽利用率和信道容错性两方面做出合理的折中，对于 HD Radio 数字信号这种带宽有限的系统来说很实用。表 2-1 列出 HD Radio 系统各逻辑信道所采用的删除卷积码，包括卷积编码器的生成多项式、约束长度以及双边带码率的删除矩阵。从表 2-1 可以看出，映射到 PM 和 SM 频带上的逻辑信道都采用双边带码率为 2/5 的删除卷积码。

HD Radio 系统各逻辑信道双边带删除卷积码 **表 2-1**

码率 约束长度	生成多项式	删除矩阵	双边带 码率 R	适用的逻辑信道
1/3 $K=7$	(133,171,165)	(11,11,11)	1/3	S5(MS1～MS4)
1/3 $K=7$	(133,171,165)	(11,11,10)	2/5	P1/PIDS(MP1～MP6) P2(MP5/MP6) S1(MS2/MS3) S2/SIDS(MS2～MS4)
1/3 $K=7$	(33,171,165)	(11,00,11)	1/2	P3(MP2～MP5) P1′(MP5/MP6) S1′(MS2～MS4) S3(MS2/MS4)
1/4 $K=7$	(133,171,165,165)	(11,11,11,10)	2/7	S4/SIDS(MS1)

事实上，HD Radio 系统纠错编码的很多关键技术和细节并没有在该标准中提到。

(3) 交织器

交织器的作用是通过交织使差错分布均匀化和随机化，以减少信道发生突发错误的影响。HD Radio 数字系统将相邻的信息单元分散在不同的 OFDM 符号和不同的 OFDM 子载波来实现时间交织和频率交织，称为交织过程 IPs（Interleaving Processes）。

根据 HD Radio 数字系统划分的频带类型，包括 PM 频带、PX 频带、SM 频带、SX 频带、SP 频带以及 SM1 模式下的 SB（Secondary Broadband）频带，相对应地，共有六个不同的交织过程 IPs：PM IP，PX IP，SM IP，SX IP，SP IP 和 SB IP，以完成相应频带上数据的交织，如图 2-6 所示。每个 IP 都会输出至少一个交织矩阵，用于存放交织后的数据。

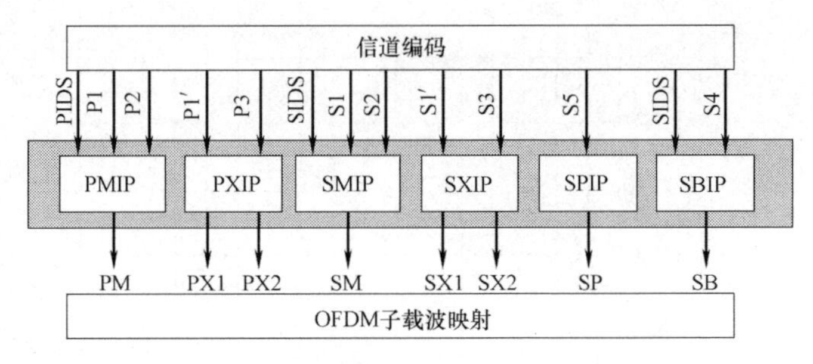

图 2-6 HD Radio 数字系统交织过程

交织过程由四种不同类型的交织器来完成，分别记为Ⅰ型、Ⅱ型、Ⅲ型、Ⅳ型交织器。这几种交织器都属于代数交织，即通过某种代数变换算法产生一个关于下标的置换向量，然后根据置换向量对输入信号进行交织。在 NRSC-5 标准中，已经给出了四种交织器类型的代数公式，用于对信道编码后所输出比特向量的重新排序。它将逻辑信道的传输帧表示成向量的形式，$i=\{0，1，\cdots\cdots，N-1\}$，$N$ 为传输帧长度的倍数，根据所使用交织器的代数公式计算向量元素 i 在交织矩阵中的具体映射位置，最后达到交织的目的。

由图 2-6 可知，在 MP1 业务模式下，采用 PM IP 的交织过程，具体由Ⅰ型和Ⅱ型交织器来实现交织，输出交织矩阵 PM，显示于图 2-7。图 2-8 显示 MP1 业务模式下由交织过程 PM IP 输出的交织矩阵 PM[65]。

该交织矩阵由 $B\times J$ 个交织块组成，每个交织块是一个 32×36 的子矩阵，并且在每个 IP 所输出的交织矩阵中，逻辑信道将失去其确定性，即每个输出矩阵中可能由一个或多个逻辑信道组成。像在 MP1 业务模式下，PM IP 的输出矩阵中就包含 1 个 P1 和 16 个 PIDS 逻辑信道的数据。这两个逻辑信道的传输帧经过信道编码，P1 逻辑信道的传输帧长度由 146176bits/frame 增加为 365440bits/frame（2/5 的双边带编码率），PIDS 逻辑信道的传输帧的长度由 80bits/frame 增加为 200bits/frame（2/5 的双边带编码率），帧速率不变。

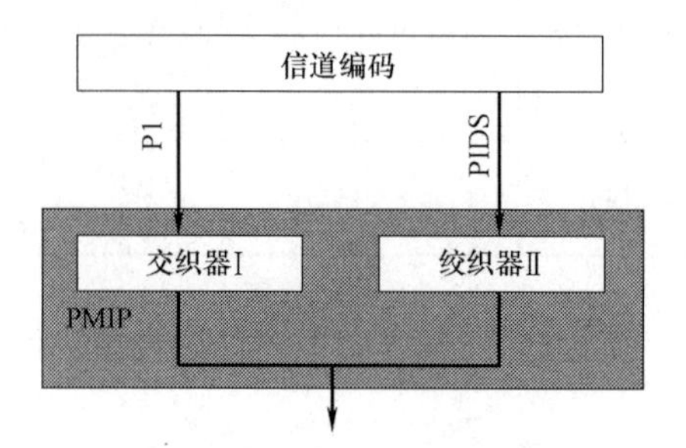

图 2-7　MP1 模式下的交织方式

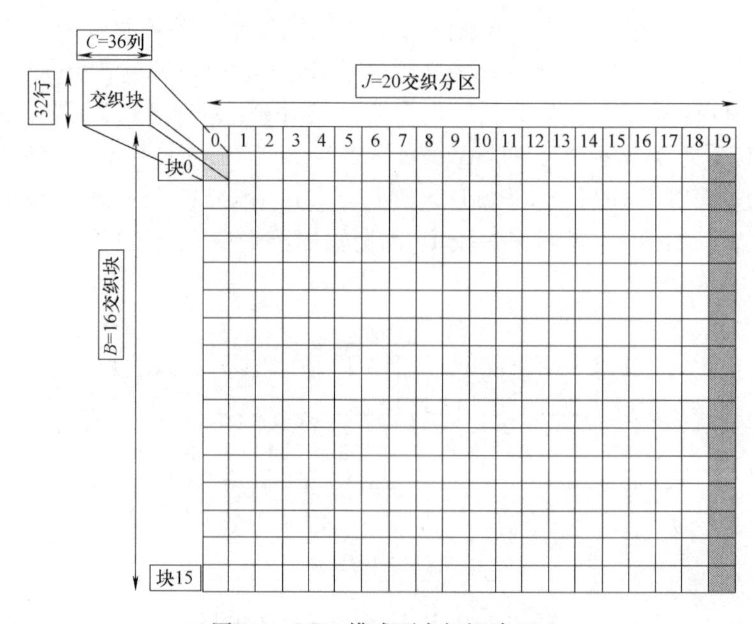

图 2-8　MP1 模式下交织矩阵 PM

将 P1 逻辑信道的一个传输帧向量表示为 $i=\{0, 1, \cdots\cdots, N-1\}$，根据交织器I代数公式，每一个帧向量元素输出到特定分区交织块中的某一行 row_i 某一列 $column_i$，并将剩余的空缺比特位置留给 PIDS 逻辑信道帧。PIDS 逻辑信道传输帧根据交织器II代数公式，也将每一个帧向量比特对应输出到 PM 矩阵中。经过一个 PIDS 传输帧之后，PM 中第一行交织块被填满，这时就可以将这行交织块中的比特数据逐行读出，用于 OFDM 子载波映射。等到处理完 16 个连续的 PIDS 传输帧后，整个 PM 矩阵被全部填满，当下一个传输帧到来时，整个交织过程又会重新开始。由此可得，P1 逻辑信道交织器的交织深度刚好为一个 P1 传输帧周期 T_f，PIDS 逻辑信道交织器的交织深度为一个 PIDS 传输帧周期 T_b。

交织矩阵的每一列交织块称为一个分区（如图 2-8 阴影部分所示），是一个 $B\times32$ 行 36 列的子矩阵。每个分区映射一个频谱子块，由于采用 QPSK 调制，分区中每两列对应一个数据副载波（一个频谱子块有 18 个数据副载波），交织后的比特数据就能被调制在上下边带的各个数据副载波上，实现频率交织。

交织器分为以下 4 种，代数公式分别如下，其中符号及变量的定义显示于表 2-2 中。

1） Ⅰ型交织器

计算 i 所处的交织分区的编号 $partition_i$：

$$partIndex_i=\text{INT}\left[\frac{i+\left(2\times\text{INT}\left(\frac{M}{4}\right)\right)}{M}\right]\text{MOD}J \tag{2-1}$$

$$partition_i=\underline{V}[partIndex_i] \tag{2-2}$$

计算 i 在交织分区 $partition_i$ 中交织块的编号 $block_i$：

$$block_i=\begin{cases}\left(\text{INT}\left(\frac{i}{J}\right)+(partition_i\times7)\right)\text{MOD}B & M=1\\ \left(i+\text{INT}\left(\frac{i}{J\times B}\right)\right)\text{MOD}B & M=2,4\end{cases} \tag{2-3}$$

计算 i 在交织分区 $partition_i$、交织块 $block_i$ 中的行 row（k_i）和列 $column$（k_i）：

$$row(k_i)=(k_i\times11)\text{MOD}32 \tag{2-4}$$

$$column(k_i)=\left((k_i\times11)+\text{INT}\left(\frac{k_i}{32\times9}\right)\right)\text{MOD}C \tag{2-5}$$

其中 $k_i=\text{INT}\left(\frac{i}{J\times B}\right)$。

2） Ⅱ型交织器

计算 i 所处的交织分区的编号 $partition_i$：

$$partIndex_i=i\text{MOD}J \tag{2-6}$$

$$partition_i=\underline{V}[partIndex] \tag{2-7}$$

计算 i 在交织分区 $partition_i$ 中交织块的编号 $block_i$：

$$block_i=\text{INT}\left(\frac{i}{b}\right) \tag{2-8}$$

计算 i 在交织分区 $partition_i$、交织块 $block_i$ 中的行 row（k_i）和列 $column$（k_i）：

$$row(k_i)=(k_i\times11)\text{MOD}32 \tag{2-9}$$

$$colomn(k_i)=\left((k_i\times11)+\text{INT}\left(\frac{k_i}{32\times9}\right)\right)\text{MOD}C \tag{2-10}$$

其中 $k_i=\left(\mathrm{INT}\left(\frac{i}{J}\right)\mathrm{MOD}\left(\frac{b}{J}\right)\right)+\left(\frac{I_0}{J\times B}\right)$。

3）Ⅲ型交织器

计算 i 所处的交织分区的编号 $partition_i$：

$$partIndex_i=\left(i+\mathrm{INT}\left(\frac{i}{M}\right)\right)\mathrm{MOD}J \tag{2-11}$$

$$partition_i=\underline{V}[partIndex_i] \tag{2-12}$$

计算 i 在交织分区 $partition_i$、交织块 $block_i$ 中的行 row（k_i）和列 $column$（k_i）：

$$row(k_i)=(k_i\times 11)\mathrm{MOD}32 \tag{2-13}$$

$$column(k_i)=\left((k_i\times 11)+\mathrm{INT}\left(\frac{k_i}{32}\right)\right)\mathrm{MOD}C \tag{2-14}$$

其中 $k_i=\mathrm{INT}\left(\frac{i}{J}\right)$。

4）Ⅳ型交织器

$$Bk\_bits=32\times C \tag{2-15}$$

$$Bk\_adj=32\times C-1 \tag{2-16}$$

计算 i 所处的交织分区的编号 $partition_i$：

$$partIndex_i=\mathrm{INT}\left[\frac{i+\left(2\times\mathrm{INT}\left(\frac{M}{4}\right)\right)}{M}\right]\mathrm{MOD}J \tag{2-17}$$

$$partition_i=\underline{V}[partIndex_i] \tag{2-18}$$

$$pt_i=\underline{pt}[partition_i] \tag{2-19}$$

计算 i 在交织分区 $partition_i$ 中交织块的编号 $block_i$：

$$block_i=\left(pt_i+(partition_i\times 7)-\left(Bk\_adj\times\mathrm{INT}\left(\frac{pt_i}{Bk\_bits}\right)\right)\right)\mathrm{MOD}B \tag{2-20}$$

计算 i 在交织分区 $partition_i$、交织块 $block_i$ 中的行 row（k_i）和列 $column$（k_i）：

$$row_i=\mathrm{INT}\left(\frac{(11\times pt_i)\mathrm{MOD}Bk\_bits}{C}\right) \tag{2-21}$$

$$column_i=(pt_i\times 11)\mathrm{MOD}C \tag{2-22}$$

符号及变量说明 **表 2-2**

名称	定　义
J	每个交织矩阵包含的交织分区数
B	每个交织分区包含的交织块数
C	每个交织块包含的列数
M	计算交织分区号 $partition_i$ 的因子
$\underline{V}$	由交织分区号所组成的向量，用于控制交织矩阵中交织分区的相关顺序
b	每个传输帧的比特数（交织器Ⅲ、Ⅳ）
I_0	计算 k_i 时用到的下标索引偏移（交织器Ⅱ）
N	交织器输入序列包含的比特数，可有多个传输帧组成

(4) 信号后处理

交织后的比特流经过“OFDM 子载波映射模块”和“OFDM 符号生成模块”，以形成 OFDM 符号，然后通过发送子系统将数据发送出去。

其中“OFDM 子载波映射模块”的功能是将交织器的输出矩阵以及系统控制信息分配至 OFDM 符号的子载波上，映射成复数信号。在一个 OFDM 符号周期 T_s 时间内，交织器矩阵的每一行产生的输出矢量，即是信号的频域表示。映射遵循非均衡干扰环境，并成为业务模式的功能组成。

“OFDM 符号生成模块”是将输入矢量转换为成型后的时域基带脉冲信号，生成 OFDM 符号，即是 HD Radio 系统数字信号所形成的时域波形。OFDM 符号通过“发送子系统”完成符号在时间上的拼接以及上变频，此时形成的信号即是可以发送到空间通过电磁波传送到接收机的信号形式。此外，当发送混合型 Hybrid 波形时，“发送子系统”将同时完成模拟信号上变频，并与数字信号合成，形成复合的 Hybrid 信号。

2.2 HD Radio 系统邻频干扰

2.2.1 邻频干扰分析

美国 HD Radio 标准将频道的总占用带宽扩展到约 400kHz。图 2-9 以 HD Radio Hybrid 模式为例，显示两个 HD Radio 电台的频率间隔为 400kHz 时，邻频道对主频道的干扰情况。

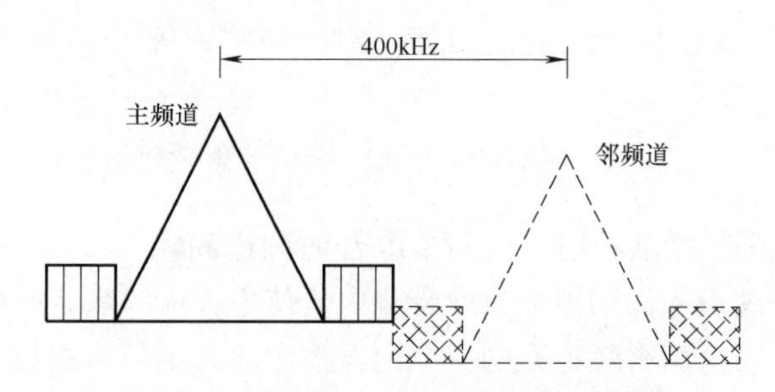

图 2-9 频率间隔 400kHz 时的邻频干扰情况

从图 2-9 可以看出，当邻近两个电台的频道间隔为 400kHz 及以上时，两个邻近电台之间的频谱不会发生重叠，则相邻频道互不影响，各自台都可实现数模同播。然而在中国的一线城市和主要的欧洲国家，电台密集度很大，能保证 400kHz 间隔的 FM 台已为数不多，在这种情况下 HD Radio 不能大范围推广和使用。如果只有少数 FM 台能通过升级改造实现数模同播，我们认为这样的数模同播概念是没有实际意义的，HD Radio 并没有真正实现数模同播。

根据我国和欧洲的频率规划参数，电台之间的频率间隔为 100kHz 的整数倍，此时能考虑使用的数模同播广播的频率间隔为 100kHz、200kHz 和 300kHz。由于 100kHz 的频率间隔尚不能满足两个 FM 模拟电台的保护率，在数模同播系统中带来的干扰会更大，没有研究价值，因而不予考虑。下面分析 HD Radio 系统在频率间隔为 200kHz 和 300kHz 时，分别对数字音频和对模拟 FM 信号的影响。

（1）邻频在不同频率间隔时对数字信号的影响

图 2-10 和图 2-11 分别显示频率间隔为 200kHz 和 300kHz 时邻频道对主频道的干扰情况。

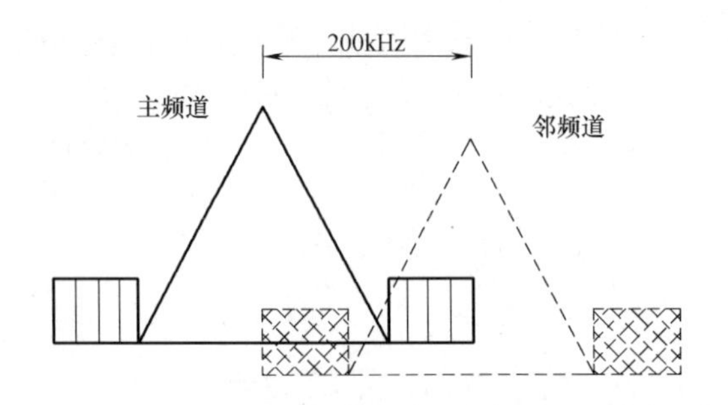

图 2-10　频率间隔 200kHz 时的邻频干扰情况

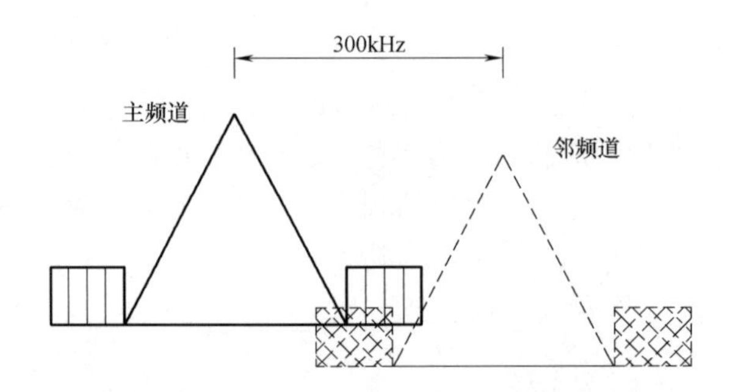

图 2-11　频率间隔 300kHz 时的邻频干扰情况

从图 2-10 和图 2-11 可以看出，当两个电台的频道间隔为 200kHz 或 300kHz 时，主频道的数字信号完全湮没在邻频道的有效带宽内，使主频道的数字频谱受到干扰，必然对接收质量造成影响。当这两个频道在同一个地点播出时，主频道的数字信号将不满足保护率的要求。若使两个电台的距离足够远也可以使主频道的数字信号满足射频保护率的要求，但这又会缩减两个台的播出范围。也可使主频道 HD Radio 信号的上下边带传送同样的数据，这样任一边带的数字音频被湮没时，仍然可以依靠另一边带的数字信号传递信息，从而在 200kHz 频率间隔时实现数模同播；在上下边带分别是 400kHz 频率间隔和 300kHz 频率间隔的电台时，可通过上下边带互补的形式完成数字信号的传输；但当两侧都是 200kHz 间隔的电台时，上下边带的数字信息都将被湮没，本频道的数字信号将全军覆没。

(2)邻频在不同频率间隔时对模拟信号的影响

以上从频谱结构上，对数字信号的干扰情况做了分析，以下将从射频保护率的角度，对模拟信号的干扰情况进行说明。图 2-12 显示不同情况下对 FM 模拟信号的射频保护率曲线。射频保护率的定义及测试方法在 2.2.3 节中有详细介绍。在图 2-12 中，黑·标示的是 ITU-R BS. 641 建议[68]规定的 FM 干扰 FM 的射频保护率曲线，在建设电台时，新加入电台的射频保护率曲线必须在 ITU 给出的曲线以下才能保证对邻频道没有干扰；黑×和黑○标示的分别是德国和中国广科院测试的 HD Radio 系统干扰 FM 的射频保护率曲线。其中 FM 信号的卡森公式带宽是 0kHz～±128kHz，HD Radio 信号的带宽是 0kHz～±198.402kHz。

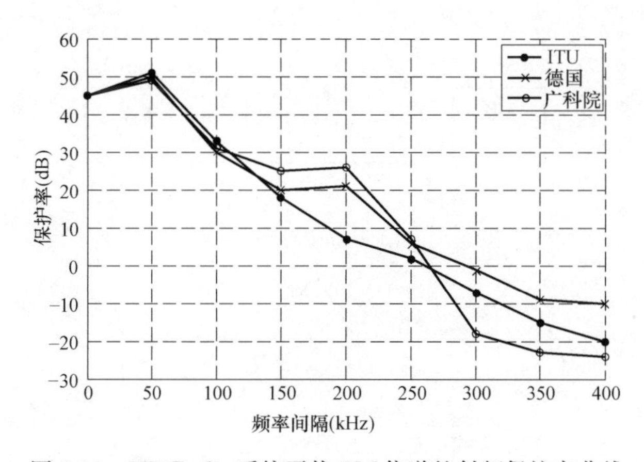

图 2-12 HD Radio 系统干扰 FM 信道的射频保护率曲线

从图 2-12 中可以看出，德国和广科院测试的 HD Radio 干扰 FM 的保护率曲线有所不同。在频率间隔为 200kHz 时，德国测试的 HD Radio 干扰 FM 的射频保护率为 21dB，广科院测试的效果要差些，达到 26dB；比 ITU 给出的 FM 干扰 FM 保护率分别高出约 14dB 和 19dB，主频道的模拟信号根本不满足射频保护率的要求。此时也可以通过拉远两个台的距离以满足射频保护率的要求，但这又会缩减两个台的播出范围。

频率间隔为 300kHz 时，从德国测试的射频保护率曲线看出，此时 HD Radio 系统对 FM 电台的射频保护率值为－1dB，广科院测试的保护率为－18dB，都在 0dB 以下。频率间隔为 300kHz 时，主频道的 FM 信号满足射频保护率要求。同时，从 ITU 测试的 FM 干扰 FM 的曲线可以看出，频率间隔在达到 300kHz 时，射频保护率才达到 0dB 以下，所以 300kHz 的频率间隔也是模拟 FM 干扰模拟 FM 信号保护率的极限。

邻频道的 HD Radio 信号对主频道 FM 信号干扰的增加，很大程度上是因为 HD Radio 两侧的数字边带增加了频道占用总带宽。因而，如何在 ITU 射频保护率曲线的界限下，尽可能地减小 HD Radio 对 FM 的干扰，以使带内同播技术能够在中国的频谱结构下适用，是中国实现 FM 频段广播数字化的关键问题。随后，本书将提出一种 300kHz 的数模同播频谱模板，以有效缓解美国提出的 HD Radio 数字音频广播数模同播方案中在同频信道 300kHz 间隔时，在国内主要城市和世界上发达地区无法实现同播的致命缺陷。

2.2.2 300kHz 频谱结构的提出

根据前文对 HD Radio 系统的邻频干扰分析可知，HD Radio 系统在频率间隔小于 400kHz 时，无法直接应用。本节创新性地提出了一种 300kHz 数模同播的频谱结构，以同时满足对模拟信号和对数字信号的射频保护率要求。

图 2-13 对比显示 HD Radio 系统的频谱结构和本书提出的 300kHz 数模同播频谱结构的对比。

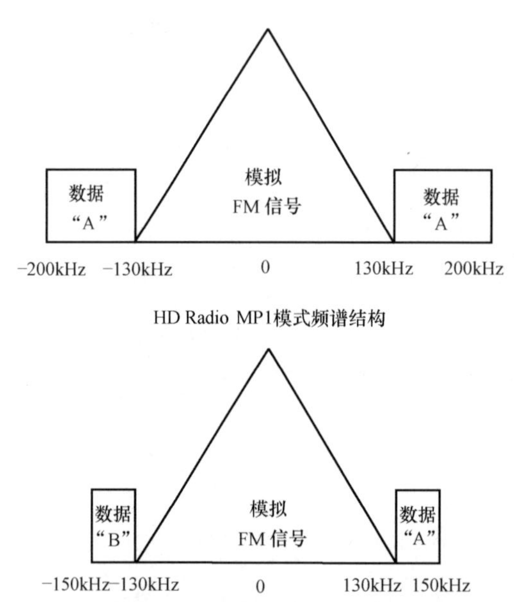

图 2-13 数模同播的频谱结构对比

如图 2-13 所示，在原 HD Radio 系统中，每个频道占用 400kHz，并且数字信号的上下边带±（130kHz～200kHz）放置同样的数据，此时允许一侧信道间隔 300kHz，通过互补的方式完成数字信号的正常传输；当数字信号的上下边带放置不同数据时，两侧信道间距必须 400kHz 以上才能保证数字信号的正常传输。

在本书提出的数模同播频谱结构中，一套数模同播节目的频道带宽是 300kHz。这样在频率间隔为 300kHz 时相邻频道间的数字频谱不会发生重叠，而且一般的数字接收机保护率可达−30dB～−40dB，能满足数字音频的保护率要求；此时数字信号的上下边带可以放置不同的数据，使数字信号的速率倍增。对于本书提出的 300kHz 数模同播的频谱结构对模拟 FM 信号的保护率将在 2.2.3 节中具体介绍。

从图 2-13 还可以看出，经改造后，本书提出的数模同播的频谱结构降低了数字信号的传输能力。HD Radio 系统在上下边带传送相同的数据时，双边带共可传送 70kHz 的数字信号；上下边带传送不同数据时，双边带共可传送 140kHz 的数字信号。而本书提出的 300kHz 的频谱结构虽然上下边带传送不同的数据可使信道的利用率倍增，但双边带也仅能共传送 40kHz 的数字信号。因而，在对 300kHz 的频谱结构进行应用时必须解决数字传输能力这一要求，这为本书的 300kHz 频谱结构的应用提出了技术要求。本书将在以后章节中提出频谱动态分配技术解决这一问题。

2.2.3 射频保护率测试

本书提出的 300kHz 数模同播的频谱结构是一种新型的数字广播制式，要开展新制式下的数字广播，就应该处理好与现有模拟广播之间的兼容关系，充分保护现有模拟广播，并尽可能减少与现有频率规划的冲突。射频保护率是频率规划中的一项重要指标。

国际电信联盟在建议 ITU-R BS. 641 中给出了 FM 广播射频保护率的定义：为保证得到满意的收听质量所需要的欲收信号场强与干扰信号场强的最小比值，以分贝表示。本节首先根据建议 ITU-R BS. 641 中的测试方法，建立射频保护率数学模型，而后测试本书提出的 300kHz 频谱结构的数模同播广播制式的兼容性。

图 2-14 显示本书建立的数模同播信号干扰 FM 信号的射频保护率测试模型，其中干扰信号是按照 HD Radio 的数据格式、本书提出的 300kHz 频谱结构所生成的数模同播信号，数模同播信号中的模拟 FM 信号的带宽是 0kHz～±129.361kHz，数字信号的带宽是±129.361kHz～±150kHz。欲收信号是 FM 模拟信号，卡森公式计算的带宽是 0kHz～±128kHz。

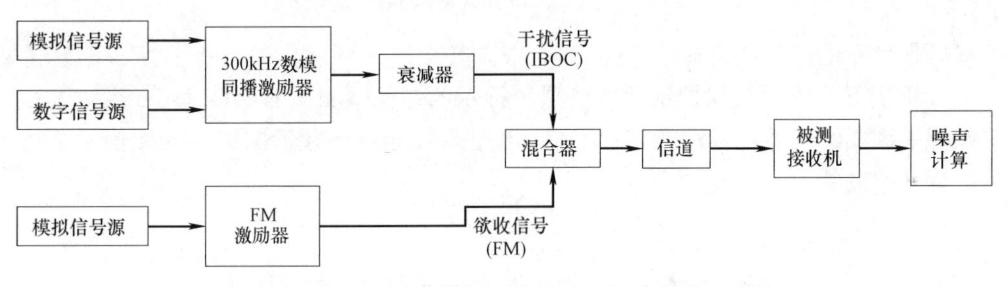

图 2-14 300kHz 数模同播信号对 FM 的射频保护率模型

射频保护率的测试方法为：调整干扰信号和欲收信号的载频值，使两者的载频间隔为 f_0；在 f_0 确定后，根据噪声计算得到的 SNR 值来调节衰减器中衰减值的大小，当 SNR 达到 ITU-R BS. 641 中规定的 50dB 时，此时的衰减值即为频率间隔为 f_0 时的射频保护率值。在图 2-14 中，被测接收机有模拟接收和数字接收两种模式，此时的接收状态设置为模拟接收。被测接收机的作用是从预收信号和干扰信号的混合信号中解调出欲收信号，并通过噪声计算测试解调信号的 SNR。

测试中，干扰支路数模同播信号中的模拟信号源为 1kHz 的单音信号，进行标准立体声编码和 FM 调制，立体声的导频为 19kHz，频偏为 6.7kHz；数字信号源为随机序列，数字信号功率为模拟信号功率的－15dB。欲收信号中的模拟信号源为 500Hz 的单音信号，最大频偏为 75kHz，预加重为 50μs，标准立体声调制。由于我国 FM 广播的频道间隔为 100kHz，所以 f_0 设置为 50kHz 的整数倍，即可满足实用要求。为了代表主流收音机的特性，在测试中被测接收机滤波器的类型选用集中参数的陶瓷滤波器，解调带宽为 129.361kHz，表 2-3 显示 LT10.7MA5 陶瓷滤波器的参数，图 2-15 显示 LT10.7MA5 陶瓷滤波器的幅频特性。

LT10.7MA5 陶瓷滤波器的参数 表 2-3

型号	3dB 带宽 (kHz)	20dB 带宽 (kHz)max	插入损耗 (dB)max	阻带损耗 (9MHz~12MHz) (dB)min
LT10.7MA5	280±50	650	6	30

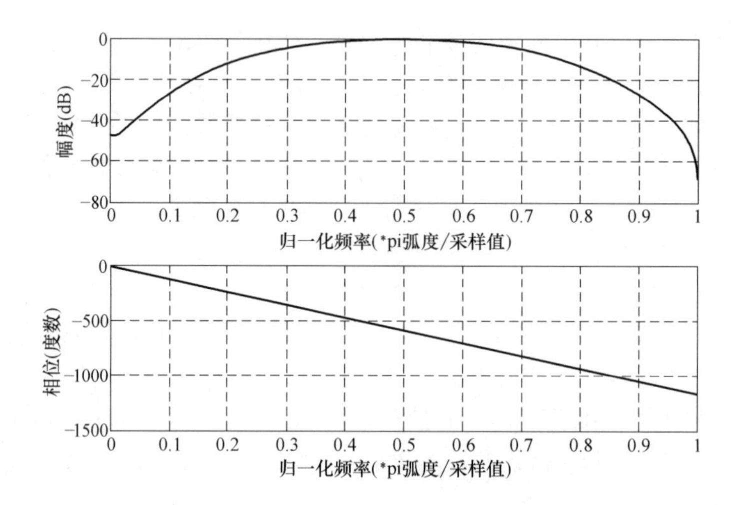

图 2-15 LT10.7MA5 陶瓷滤波器的幅频特性

射频保护率的测试结果显示于图 2-16 中。其中黑·标示的是 ITU-R BS.641 建议规定的 FM 干扰 FM 的射频保护率曲线；黑×标示的是德国测试的 HD Radio 系统干扰 FM 的射频保护率曲线；黑△标示的是本书提出的占用 300kHz 频道的数模同播信号干扰 FM 信号的保护率曲线。

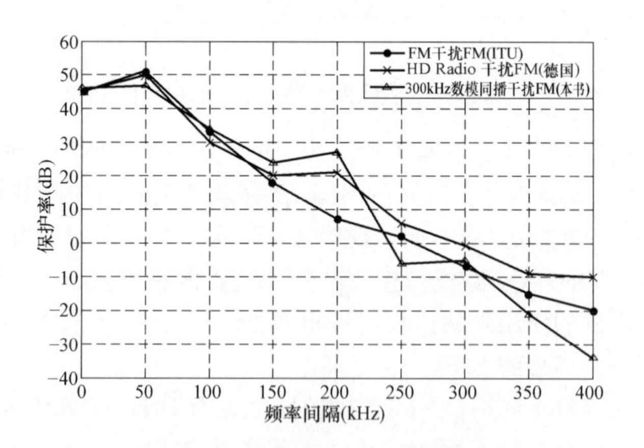

图 2-16 射频保护率曲线对比

从图 2-16 中可以看出，HD Radio 方案在频率间隔为 300kHz 时，不仅数字频道重叠无法接收，而且会造成模拟 FM 信号质量劣化。本书提出的 300kHz 频道结构的数模同播方案，其射频保护率在频率间隔为 300kHz 时，射频保护率明显优于德国测试的 HD Radio 干扰 FM 频道的射频保护率，而与 ITU 标准规定的射频保护率曲线在 300kHz 时几乎重合，射频保护率值为−5dB，满足模拟 FM 信号的射频保护率。加之上一节对图 2-13 中

300kHz 频谱结构的分析可知，300kHz 频道带宽的数模同播方案并不会带来频谱的重叠。因而，300kHz 频道结构的数模同播方案能同时满足对数字音频和对模拟 FM 信号的保护率要求，可实现真正的数模同播。

以上分析了 HD Radio 系统的邻频干扰情况，并给出了有效的解决方案，随后本书将分析 HD Radio 系统中同频的数字信号对模拟信号的干扰问题。

2.3　HD Radio 系统同频数模干扰

2.3.1　同频数模干扰分析

美国的 HD Radio 标准中，数字信号紧邻模拟信号，与模拟信号在同一个频道也即是同一个载频下传输，这就不可避免地会存在数模信号之间的干扰问题。数字信号由于使用优秀的纠错编码方案，在解调时又使用 FFT 的方法，使得模拟信号对数字信号的干扰保护率很高，影响不大。因而数模同播同频干扰的关键问题是数字信号对模拟信号的干扰。

美国标准中 IBOC 系统，虽然有三种频谱模式以适应广播数字化的不同阶段，但当广播电台确定一种频谱模式后，所分配的数字信号的频谱和模拟信号的频谱是固定的。但实际上，随着模拟音频的实时变化，固定位置的数字信号对模拟音频的影响是不同的。因为，模拟接收机 FM 解调是一种非线性的信号处理方式，当数模信号同时经 FM 解调器时，数字信号串扰到模拟信号频谱内，解调后产生的噪声并不满足叠加性，这意味着数字信号对不同的模拟信号的影响是不同的。

为了分析 HD Radio 系统中数字信号对模拟信号的影响，本书建立了对非线性失真统计分析的数模串扰模型。当发射机为 MP1、MP2、MP3 或 MP11 模式的 HD Radio 合成信号，接收机为传统的 FM 模拟接收机时，所建立的检测数模串扰的模型如图 2-17 所示。

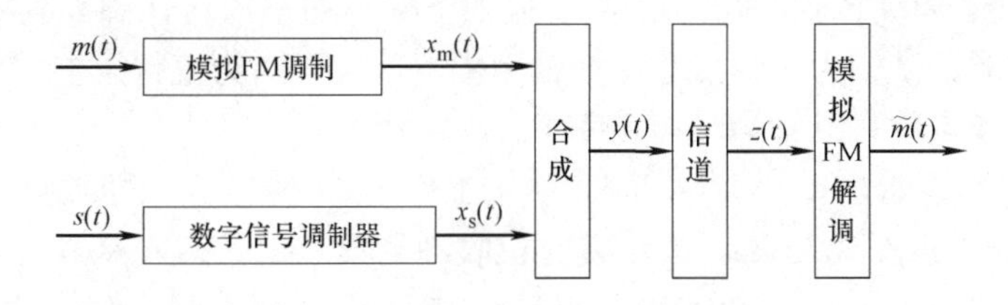

图 2-17　HD Radio 发射接收模型

从图 2-17 可以看出，模拟 FM 信号与调制后的数字信号合成，合成信号经过无线电波信道的传输后，在接收端经过 FM 解调，得到解调后的模拟基带音频。其中合成时数字信号功率为模拟信号功率的－15dB。MP1、MP2、MP3 和 MP11 四种模式的区别在于数字信号偏离模拟 FM 载波的位置和数字信号的带宽不同。

FM 调制[70]时，调制信号的瞬时频率随基带信号幅度而变化。假设相位初始值为零，

调频输出信号 $x_m(t)$ 可表示如式 2-23 所示：

$$x_m(t) = A_c\cos[2\pi f_c t + 2\pi K_{VCO}\int_0^t m(t)dt] \tag{2-23}$$

式中：$m(t)$ ——调制信号；

A_c——载波幅度；

K_{VCO}——压控振荡器的增益，其单位为 Hz/V，$K_{VCO}\times m(t)$ 是瞬间频率偏移量。

在接收端，对接收到的信号 $z(t)$ 进行调频解调的过程，是一种非线性过程。解调后，得到基带模拟信号 $\widetilde{m}(t)$，其中解调的方法如下：

$$\widetilde{m}(t)=\frac{d\{P(H[z(t)]\times e^{-j2\pi f_c t})\}}{dt} \tag{2-24}$$

式中：$H[\cdot]$ ——Hilbert 变换函数；

$P(\cdot)$——取相位函数。

解调信号 $\widetilde{m}(t)$ 与调制信号 $m(t)$ 之间的差异，反映数字信号对模拟信号的干扰。

由于 FM 模拟接收机的解调是一种非线性的信号处理方式，当数模混合信号同时经过 FM 解调器时，数字信号串扰到模拟信号的频谱内，导致随着模拟音频的变化，固定位置的数字信号对模拟音频的影响具有时变性。考虑到 FM 的非线性调制解调比较复杂，所涉及的贝塞尔函数没有确定的值，不便于分析。因而，本书采用统计的方法，从噪声功率和噪声频谱两方面分析数字信号对 FM 模拟信号的噪声干扰。

(1) 噪声功率分析

以流行乐节目为例，选取一段时长为 10.24s 的电台广播信号，采样频率为 48kHz，采样点数为 10.24×48000=491520。其中噪声功率的计算方法为：按图 2-17 所示，发送端模拟输入信号记为 $m(t)$，按 MP1 模式生成数字信号 $s(t)$，其中数字信号为经扰码后的信号，合成信号 $y(t)$ 经过信道及模拟 FM 解调后，输出的数据记为 $\widetilde{m}(t)$；其中 FM 调制部分 $A_c=1$，$K_{VCO}=75$；信道噪声不计，即 $y(t)=z(t)$。则 HD Radio 系统噪声记为 $n(t)=\widetilde{m}(t)-m(t)$，噪声功率为 $P_n(t)=|n(t)|^2$，用分贝表示为 $P_{n\_dB}(t)=10\times\log_{10}(|n(t)|^2)$。

图 2-18 显示了 HD Radio 系统在 MP1 模式下噪声功率的对比图。其中上图为流行乐左声道的时域波形，横轴为采样点数，纵轴为幅度值；下图为流行乐左声道的噪声功率分布图，横轴为采样点数，纵轴为噪声功率 $P_n(t)$。

从图 2-18 中可以看出，当 HD Radio 系统工作于 MP1 模式，即数字信号频谱位于距载波 129.361kHz～198.402kHz，模拟接收机收到的数字信号落入模拟信号解调带宽内的噪声功率随着模拟信号的输入实时变化。噪声功率的时变性主要是由于 FM 解调本身的非线性造成的。同时从图 2-18 中可看出，虽然干涉源即数字音频的频谱固定不变，但不时会有较大的噪声功率出现，这在接收端表现为听起来不时有毛刺出现，这极少数的毛刺对音质整体的影响很大，会极大降低人们对音质的主观感受质量的评价。

(2) 噪声频谱分析

采用本节中计算噪声功率时对参数的定义及噪声的计算方法，不计信道引入的噪声，

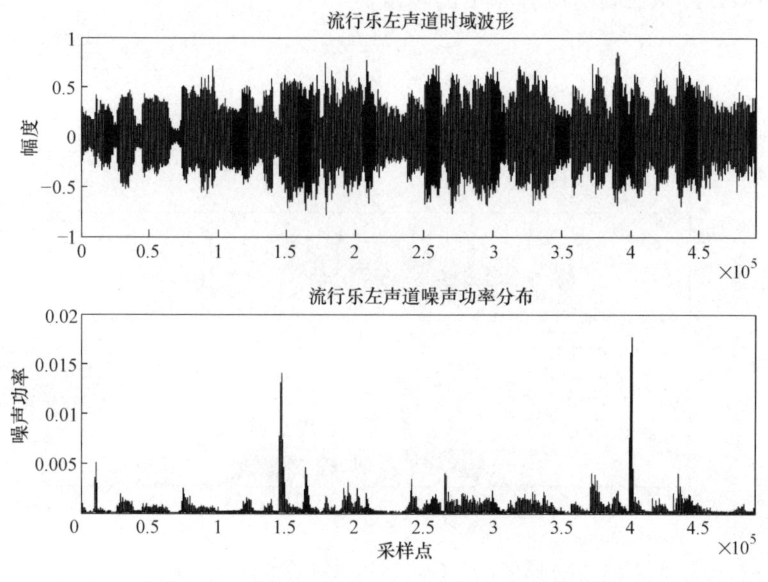

图 2-18 HD Radio MP1 模式噪声功率分布图

HD Radio 系统在 MP1 模式下的噪声为 $n(t)=\widetilde{m}(t)-m(t)$。为了更好地显示噪声频谱的分布情况，采用分帧的方法。以图 2-19 中 10.24s 的流行乐为例，以 2048 点为一帧，则将 10.24s 的数据分为 491520/2048=240 帧。

记第 i 帧噪声的第 k 个采样点的值为 $n_{i,k}$，$0\leqslant i\leqslant 239$，$0\leqslant k\leqslant 2047$，则第 i 帧中第 m 点噪声频谱幅度的计算由 2048 点的 DFT 运算得到，具体为：

$$F\_i(m)=\sum_{k=0}^{2047} n_{i,k}\mathrm{e}^{-j2\pi mk/2048}, 0\leqslant m\leqslant 2047 \tag{2-25}$$

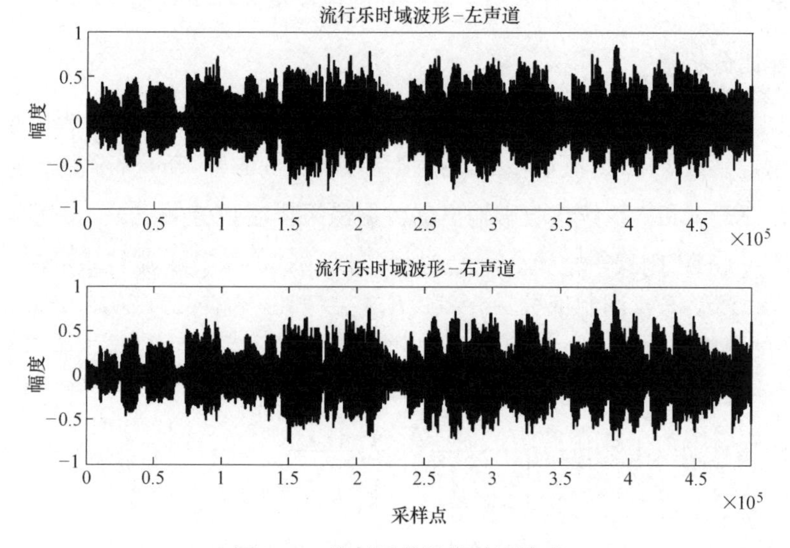

图 2-19 流行乐节目的时域波形

图 2-20 显示了流行乐第 1、2、3 帧的噪声频谱分布，其中横轴为频率，范围为

－24kHz～24kHz，纵轴为对应频率下的幅度。

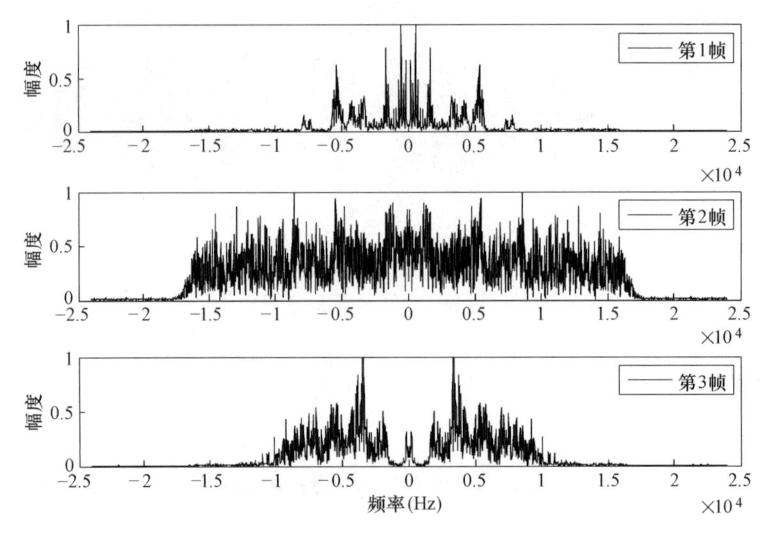

图 2-20 特定帧的噪声频谱分布

从图 2-20 中可以看出，第 1 帧的噪声主要集中在 0kHz～5kHz 附近；第 2 帧的噪声主要集中在 0kHz～15kHz 附近；第 3 帧的噪声主要集中在 2kHz～10kHz 附近；总的来说，不同帧的噪声其频谱分布差别很大，也即是说，HD Radio 的数模同播系统中数字信号对模拟信号的干扰是时变的。

根据人耳的听觉特性，由于耳郭的形状和耳道的长度和宽度的影响，人耳会对不同频率产生不同的共振效果[71]。按照人耳的听阈曲线显示，人耳对频率在 2kHz～5kHz 的声音敏感度最高，在其他频率段的敏感度以 2kHz～5kHz 为中心向两边逐渐降低，而高频下降的尤为明显，即高频段的信号不易被人耳察觉。针对这个问题，本书将在第 3 章中提出基于改进的 PEAQ 算法的评价体系，以更准确地衡量人耳听到的音质的实际感受。

(3) 信噪比分析

以图 2-18 中的流行乐节目为例，分析 HD Radio 系统中 FM 模拟接收机收到的音频的信噪比变化情况。HD Radio 系统中 FM 模拟接收机收到的音频的 SNR 的计算方法为：按图 2-17 所示，HD Radio 系统接收端输出的数据经采样后记为 $\widetilde{m}(n)$；发送端模拟输入信号采样后记为 $m(n)$；则噪声记为 $N_{oise}(n)=\widetilde{m}(n)-m(n)$。其中流行乐的时长为 10.24s，采样频率为 48kHz，FM 调制部分 $A_c=1$，$K_{VCO}=75$。当帧长为 2048 个采样点时，第 i 帧信号 SNR 的计算方法为：

$$SNR(i)=10\times\log_{10}\left(\frac{\sum\limits_{n=2048(i-1)+1}^{2048i}[m(n)]^2}{\sum\limits_{n=2048(i-1)+1}^{2048i}[\widetilde{m}(n)-m(n)]^2}\right),1\leqslant i\leqslant 240 \tag{2-26}$$

图 2-21 显示了 HD Radio 接收端模拟信号 SNR 的时变情况。

从图 2-21 中可以看出，FM 模拟接收机收到信号的 SNR 质量随着主信道模拟信号的输入实时变化。因而 HD Radio 数模同播系统中的数模干扰是一个非线性过程，是随模拟

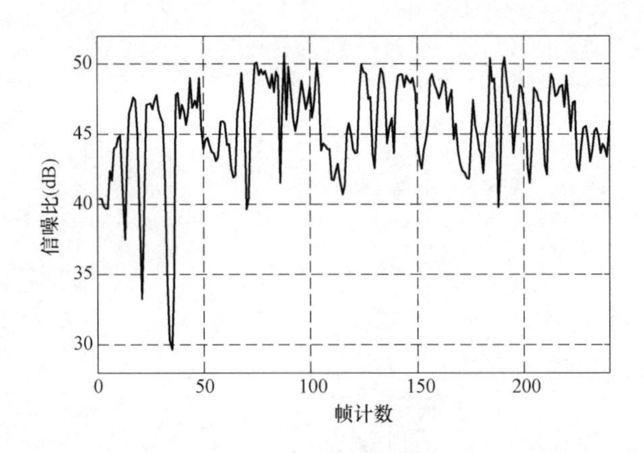

图 2-21　HD Radio 系统 FM 模拟接收机 SNR 变化图

信号变化的时变噪声。这主要是由于 FM 解调是非线性的，数字信号串扰到模拟信号的解调带宽内引起的。本书将在其后的章节引入数字频谱动态分配的思想，以解决数模干扰时变性的问题。

综上所述，HD Radio 系统中数字信号虽然带宽和位置固定，但由于解调后在模拟信号频谱上叠加的噪声功率和噪声频谱是时变的，而这种时变性造成的结果是接收端听众收听到的音质是不同的。因而，采用固定带宽的数字音频不是最好的选择，应该有更好的数字频谱规划办法，使得广播听众在能感受更好的音频节目质量的前提下，增加数字频谱的容量。

2.3.2　频谱动态分配方案的提出

根据前面对数模同播系统中同频干扰分析可知，数字信号对模拟信号的影响是一个非线性过程，是随模拟信号变化的时变噪声。本节将提出数模同播系统中数字频谱动态分配的技术，以减小接收端模拟信号的失真，解决数模干扰时变性的缺陷；并通过对数字频谱动态方案的优化设计，同时提升数字信号的传输能力，以解决由于采用 300kHz 频谱模板而带来的数字传输能力下降的缺陷，为后续提出数模同播系统方案的完善打下基础。

为了更清楚地显示数字信号频谱动态分配的效果，图 2-22 以具体音频为例，显示流行乐节目第 1、2、3 帧频谱动态调整后的频谱结构。

从图 2-22 可以看出不同帧的频谱占用情况，第 1 帧的数字信号的频谱位置为 95kHz～150kHz，占用带宽为 55kHz，则单边带带宽增益为 55-20＝35kHz，其中 20kHz 是 2.2 节本书提出的 300kHz 频谱结构的数模同播系统能够提供的单边带数字带宽；同理第 2 帧和第 3 帧的带宽增益分别为-15kHz、0kHz。单从流行乐的这 3 帧来看，则平均的单边带带宽增益为 (35-15＋0)/3＝6.667kHz。

可见，通过数字频谱动态分配思想的引入，可以通过对数字频谱动态分配方案的调整，提供比固定数字带宽模式更多可利用的频带。数字频谱动态分配的算法将在第 4 章详细介绍。

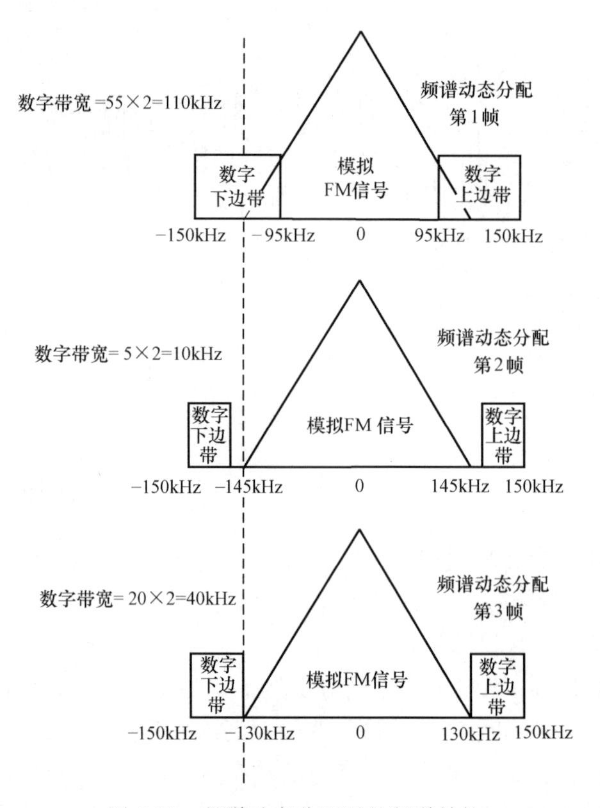

图 2-22　频谱动态分配后的频谱结构

2.3.3　频谱动态分配的效果

上节提出的数字频谱动态分配的思想，力求解决数模同播系统中同频数模干扰时变性的问题，本节介绍数字频谱动态分配所力求达到的效果。以图 2-19 中显示的 10.24s 流行乐为例，按照 2048 个采样点为一帧的分帧方法，将 10.24s 的流行乐音频分为 240 帧。图 2-23 对比显示了 HD Radio 系统实际存在的数模噪声情况和本书通过频谱动态分配方案力求达到的效果。

在图 2-23 中，横轴为帧计数，纵轴是噪声掩蔽比的值。黑·代表的曲线是 HD Radio 系统混合模式中模拟信号的 NMR 水平；黑色虚线代表的是本书通过数字频谱动态分配技术的引入，力求达到的每帧模拟信号的 NMR 水平。其中，NMR 通过模拟人耳的特性，计算噪声能量与掩蔽阈值的比值，以客观值来逼近主观感知的音频质量，NMR 值越大代表信号感知质量越差。NMR 的具体算法将在第 3 章中详细介绍。

从图 2-23 中可以看出，HD Radio 系统本身所带来的数模干扰其时变性很强，NMR 值的变化范围很大。具体表现为，HD Radio 广播用户收听到的节目音质时好时坏，前后音质相差很大。而通过本书中将数字频谱动态分配技术引入数模同播系统中，力求达到的效果是解调后的每帧模拟信号有相同的 NMR，也即是接收端的听众在收听本书引入频谱动态分配技术的数模广播系统的节目时，有相对统一的收听质量，这会大大改进人们对广播音质的感受。

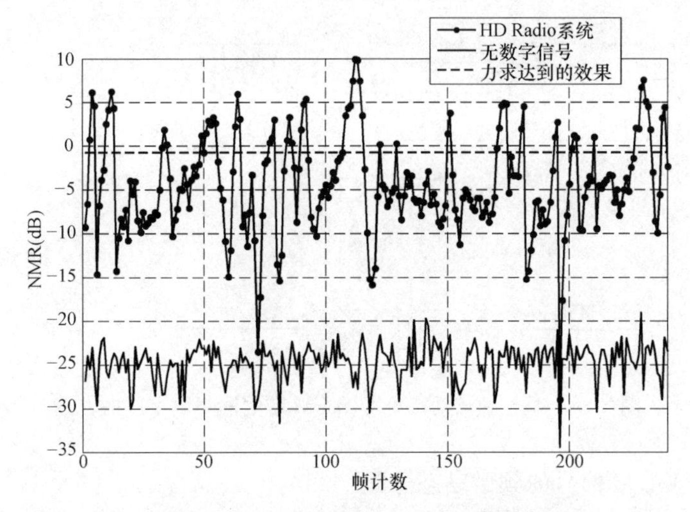

图 2-23 频谱动态分配方法力求达到的效果展示

随后本书提出的改进的数模同播广播方案中，将采用本节提出的数字频谱动态分配的思想，通过实时调整数字频谱，以期在接收端收听到的模拟信号的音质基本平稳，并在这个基础上，增加数字信号的信道容量。

2.4 改进的数模同播广播系统模型

2.4.1 改进的系统模型框架

通过前面两节的分析可知，HD Radio 系统在实际应用时存在频谱占用过宽、数模干扰时变的缺陷，本节将综合前面两节提出的邻频干扰解决方案和同频数模干扰解决方案，提出改进的数模同播广播系统模型。

图 2-24 所示为本书提出的改进的数模同播数字广播方案，其特点是以 300kHz 作为频道间隔，通过实时分析模拟信号的特性，相应分配数字信号频谱接入的带宽，在 300kHz 的频道间隔内提供可行的、高保真带内同频广播方案。

从图 2-24 可以看出，改进的数模同播数字广播方案与原 HD Radio 系统方案相比，是在模拟音频信号与数字音频码流之间加入了“带宽自适应分配”模块，该模块包括 FM 信号生成、参数提取及调整频谱起始位置三个部分。其中“FM 信号生成”部分根据输入的模拟音频信号生成实时的 FM 信号；“参数提取”部分提取所生成 FM 信号的有效参数，并根据这个有效参数确定对应 FM 信号的数字信号的频谱位置和带宽，而后将输出的数字频谱的位置和带宽值供给“调整数字信号带宽”部分使用；“调整数字信号带宽”模块依据所建立的评价体系在保证接收端每帧信号的收听质量基本相同的情况下，分配每帧数字

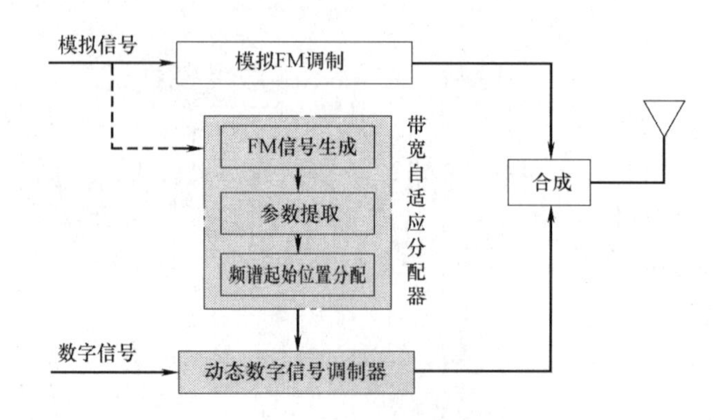

图 2-24　基于频谱动态分配的 FM 带内同频数字广播方案

信号的带宽，实现数字信号的频谱动态分配。

本方案的主要创新之一是“带宽自适应分配”模块。该模块是改进的数模同播方案的核心部分，通过数字频谱动态分配的算法来实现，它的作用是建立“模拟信号参数→数字频谱带宽”之间的映射。本书提出了三种数字频谱动态分配算法以实现数字带宽的自适应分配，具体显示于第 4 章中。

本方案的重要创新之二是“动态数字信号调制器”模块。该模块在形成数字信号时，其频谱的末端是 150kHz，小于 HD Radio 系统中的 200kHz。即在 300kHz 的频带间隔下即可实现频谱无重叠的带内同播技术。

对于改进的数模同播广播系统，本节只给出了系统框架，具体的实现方式将在第 5 章中详细介绍。

2.4.2　改进的系统频谱结构

前面提出的改进的数模同播广播系统的框架介绍了该系统的基本流程，本节将结合其系统框架，介绍该系统在频谱结构上的特点。图 2-25 显示了 HD Radio 系统和本书提出的数模同播方案的频谱结构对比。

如图 2-25 所示，在原 HD Radio 系统中，每个频道占用 400kHz，并且数字信号的上下边带±(130kHz～200kHz) 放置同样的数据，此时允许一侧信道间距 300kHz；上下边带放置不同数据时，两侧信道间距需 400kHz 以上。

在本书提出的改进型数模同播方案中，首先，一套数模同播节目两侧的频道间隔均减小为 300kHz，此时允许两侧信道间距都是 300kHz；而且由于 300kHz 间隔已是 FM 模拟信道的极限，不必像 HD Radio 为防止数字信号的上边带或下边带被邻信道干扰，300kHz 数模同播方案中 FM 模拟信号的上下边带可放置不同内容的数字数据，仅此项优点即可使信道的利用率倍增；另外，本书提出的数模同播方案引入频谱动态分配技术，数字音频根据模拟音频的参数实现数字频谱的动态分配，以减小模拟信号的时变性失真，同时提升了数字信号的传输能力。

数字频谱动态分配时，数字频谱位置确定及带宽的选择需要依据一个参照标准，这一参照标准的制定将在第 3 章中详细阐述。

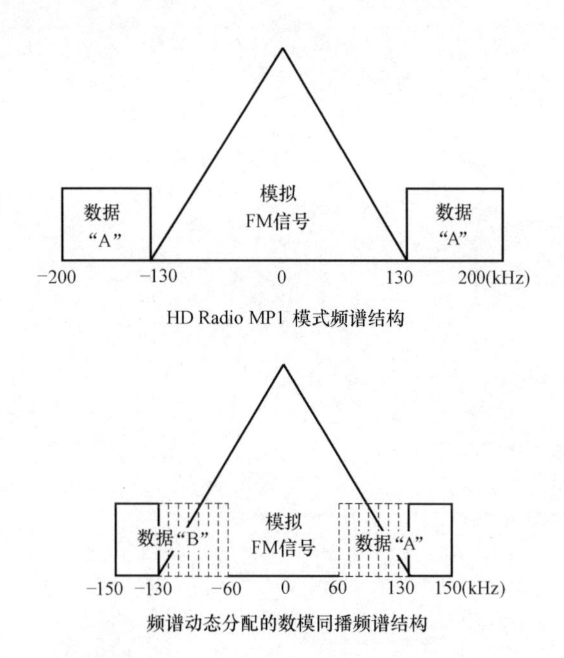

图 2-25 HD Radio 系统和改进的数模同播方案频谱结构对比

2.5 本章小结

本章从邻频干扰和同频干扰两方面分析了 HD Radio 系统的干扰问题，给出相应的解决方案，并综合性地提出了改进的数模同播系统方案。在 HD Radio 系统的邻频干扰方面，当邻频道与本频道相差 100kHz、200kHz、300kHz 时，均存在邻频道对本频道不同程度的干扰，频率间隔越小，干扰越大；只有当两个频道频率间隔相差 400kHz 及以上时，两个频道才不会有频谱重叠，才不会带来相互的干扰。针对此问题，本章提出了 300kHz 频谱带宽的数模同播方案，通过射频保护率的测试和频谱结构的分析可知，300kHz 频谱结构的方案能同时满足对模拟信号和对数字信号的保护率要求。在 HD Radio 系统的同频数模干扰方面，本书率先引入了数模干扰是一个非线性过程，是随模拟信号变化的时变噪声的观点，建立了对非线性失真统计分析的数模串扰模型，并创新性地提出了数字信号的频谱动态分配技术，以达到解决数模噪声时变性的缺陷。而后，本章综合了邻频干扰和同频数模干扰的解决方案，提出了改进的数模同播广播系统方案，充分考虑了邻频干扰问题和同频干扰时变性这两个缺陷。

3 数模同播系统的干扰评价体系

根据第 2 章的分析，HD Radio 系统中数模信号共存时，固定位置的数字信号对模拟信号的影响是时变的，为此本书提出了数字频谱动态分配方案以解决数模干扰时变性的缺陷。但对于数字频谱位置的分配需要制定界限，本书解决这个问题的方案是，数字频谱动态位置的分配应该不影响模拟信号的质量。本章首先分析已有的音质评价方法，并分析了各种评价方法的不足，随后提出改进的数模同播系统的干扰评价体系，为频谱动态分配算法和评估频谱增益制定界限。

3.1 干扰评价指标

根据评价主体的不同，音频质量的干扰评价方法可分为主观评价和客观评价两类。主观评价方法以人为主体，对声音的质量做出主观的等级评价或者做出某种比较结果，它反映听评者对语音质量好坏的主观印象。客观评价是指用机器自动计算音频信号的某个特定的参数，以此来表征声音的失真程度，从而评估出音频质量的优劣。

3.1.1 主观评价

由于人是声音的最终感知者，因而主观评价形式最直接、最能反映音频质量的真实情况。自 20 世纪 90 年代以来，大量专业机构和学术团队在主观评价的标准化方面，做了大量的研究工作，相继制定了一系列 ITU 标准：ITU-T P.800、ITU-T P.830、ITU-T P.835、ITU-RB S.1116 和 ITU-RB S.1534-1。

1997 年，国际电信联盟公布的 ITU-R BS.1116 标准[72]定义了音频信号主观测试方法，整个评估过程又被称为“三激励-双盲-隐参考法（3Stimulate-2 Blind-Hiden Reference)”。评测的分值等级从 1 到 5，可以是小数。评分等级、音频的损伤程度与主观差异等级（Subjective Difference Grade，SDG）之间的关系见表 3-1。

主观评价等级 **表 3-1**

评分等级	损伤程度	SDG
5.0	损伤不可察觉	0.0
4.9～4.0	损伤可察觉，但不讨厌	−0.1～−1.0
3.9～3.0	稍讨厌	−1.1～−2.0
2.9～2.0	讨厌	−2.1～−3.0
1.9～1.0	非常讨厌	−3.1～−4.0

在表 3-1 中，SDG 的值从−4 到 0，可以是小数。该值为负，且越接近 0，表示参考信号和测试信号之间的可闻差异越小；当 SDG 值大于 0 时，说明测试者不具有区分参考信号和测试信号的能力。最后，工作人员取所有测试者有效评分的统计值作为该组音频信号的最终得分[73]。

虽然主观评价是音质评判的最直接、最可靠的方法，然而主观评价不但耗费大量人力、物力和时间，而且受到测试条件、测试者素质等多方面不确定因素的影响，不同的评判者对同一个干扰效果可能会有不同的判别结果，也无法满足实时检测的需求。

3.1.2 客观评价

相比主观评价，客观评价具有实时处理、可重复性好的特点，具有较好的通用性。客观评价方法可以分为不依赖人耳特性的评价方法和考虑了人耳特性的评价方法。

(1) 不基于人耳感知的评价指标

不基于人耳感知的评价方法主要有：信号噪声比测度、频谱距离测度以及相关系数测度等，这些方法主要是对语音信号功率、频谱参数等特征量进行测量，根据干扰后信号特征参数的变化来进行信号干扰效果的评判。典型的算法是信噪比测量算法。

信噪比是指一个电子设备或者电子系统中信号与噪声的比例。其中信号指的是来自设备外部需要通过这台设备进行处理的电子信号，噪声是指经过该设备后产生的原信号中并不存在的无规则的额外信号，并且该种信号并不随原信号的变化而变化。信噪比计算的是有用信号功率与噪声功率的比值：

$$SNR=\frac{P_{\mathrm{signal}}}{P_{\mathrm{noise}}}=\left(\frac{A_{\mathrm{signal}}}{A_{\mathrm{noise}}}\right)^{2} \tag{3-1}$$

使用分贝表示为：

$$SNR(\mathrm{dB})=10\log_{10}\left(\frac{P_{\mathrm{signal}}}{P_{\mathrm{noise}}}\right)=20\log_{10}\left(\frac{A_{\mathrm{signal}}}{A_{\mathrm{noise}}}\right) \tag{3-2}$$

式中：P_{signal}——信号功率；

P_{noise}——噪声功率；

A_{signal}——信号幅度；

A_{noise}——噪声幅度。

一般来说，信噪比值越大越好。在音频领域，信噪比低，代表信号输入时噪音严重，人耳听时表现为在整个音域的声音明显变得浑浊不清，不知发的是什么音，严重影响音质。

从 SNR 的测试方法中可以看出，SNR 在计算时，是将整个频域的能量一起计算，各个频点的能量同等对待。但人作为声音的最终感受者，不仅有人耳这个器官在不同频点对声音的敏感程度的差别，还有人的心理对声音质量的影响作用。因而，以 SNR 为代表的传统的客观评价算法，逐渐不能准确评估当今音频的质量，高信噪比是高音质的必要条件，但不是高音质的充分条件。

(2) 基于人耳感知的客观指标

音频质量评价不仅与信号处理、数理统计等学科有关，而且还要考虑人耳生理、心理声学以及语言本身特征等因素。显然，如信噪比等声音信号指标，由于没有反映出人耳的听觉特性，与主观评价的相关度只有 0.24[74]，不能准确地反映音频质量。

心理声学模型的基本思想是不依据音频波形本身的相关性和人的发音器官的特性，而是利用人的听觉系统的特性来达到评价声音质量的目的。心理声学模型的本质是将音频的时域信号转换成基底膜（位于耳蜗内）表示，声音的不同频率成分可以激发基底膜不同位置的兴奋，再由毛细胞把这种兴奋转化为生理刺激，通过听觉神经传至大脑。在 MPEG-1layer2、layer 3、AAC 标准及 AC-3 标准中都采用了心理声学模型。由于人耳是声音的直接感受者，因而必须首先了解人耳的特性。人耳由于特殊的结构和生理等原因，使其存在三个特性[75]。

第一个特性是人耳听觉系统能够感知声音的频率范围约为 20Hz～20kHz，且人耳对各频率的灵敏度也是不同的。在 2kHz～4kHz 频段，很低的电平就能被人耳听到；而在其他频段则要相对要高一点的电平才能听到。超过听觉阈值的噪声人耳才能感觉到，也就是说，在数模同播系统中，如果数字信号对模拟信号的噪声在听觉阈值曲线以下，则不会对模拟信号造成听觉上的干扰。

第二个特性是时域掩蔽效应，是指时间上相邻声音之间的掩蔽效应，即一个强音信号会掩蔽其之前或之后的较弱信号，也称为暂态掩蔽，如图 3-1 所示。产生时域掩蔽的主要原因是听觉系统从产生一个刺激到响应下一个刺激需要一个复原时间，而且大脑处理信息也需要花费一定时间。

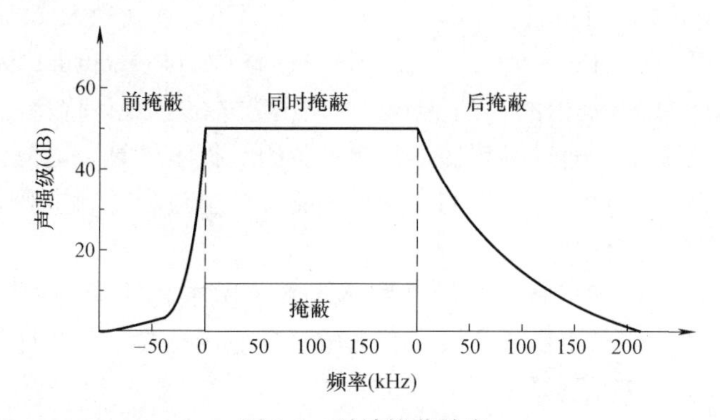

图 3-1 时域掩蔽效应

时域掩蔽又可分为前向掩蔽（pre-masking）、后向掩蔽（post-masking）和同时掩蔽三种。若被掩蔽音出现在掩蔽音之前，则称之为前向掩蔽；若被掩蔽音出现在掩蔽音之后，则称为后向掩蔽；若在同一时间内一个声音对另一个声音发生了掩蔽效应，则称为同时掩蔽。前向掩蔽时间通常很短，大约在 5ms～20ms 之间。后向掩蔽的持续时间相对较长，大约在 50ms～200ms 之间[76]；同时掩蔽的本质即是频率掩蔽效应。

第三个特性就是频率掩蔽效应，是指掩蔽音与被掩蔽音在同一时刻产生的掩蔽效应，又称为同时掩蔽。此种情况下，掩蔽音在掩蔽效应发生期间一直起作用，是一种较强的掩蔽效应。当电平高的频率分量 S0 和电平相对来说较低的不同频率分量 S1 和 S2 同时出现时，S1 和 S2 的声音将听不到，如图 3-2 所示[77]。因为人耳对各频率灵敏度不一样，所以不同频率分量的掩蔽程度是不一样的，低于掩蔽阈值的噪声也不会被人耳感觉到[78]。

根据掩蔽音和被掩蔽音的不同类型，频域掩蔽可分为四类：音调掩蔽音调（Tone Masking Tone，TMT）、噪音掩蔽音调（Noise Masking Tone，NMT）、音调掩蔽噪音（Tone Masking Noise，TMN）和噪音掩蔽噪音（Noise Masking Noise，NMN）[79]。

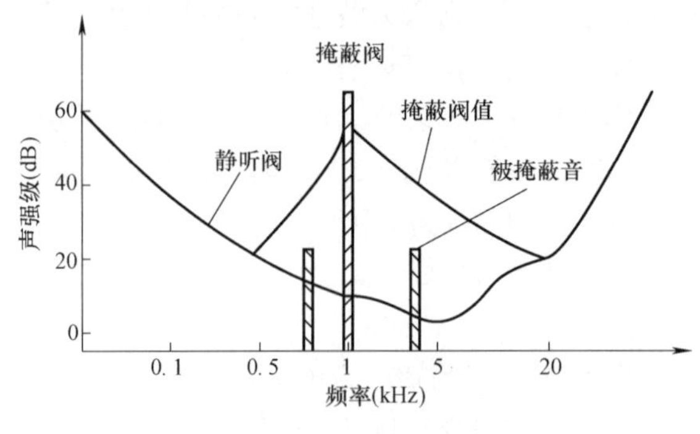

图 3-2　频率掩蔽效应

1998 年以后，ITU 提出一系列语音质量客观评价标准，将人类感知模型应用于客观测量方法，以达到客观评测结果与主观评测结果之间的高度相关。这类评价标准有：ITU-T P.861、ITU-T P.862/P.862.2、ITU-T P.562、ITU-TP.563 和 ITU-R BS.1387。其中 ITU-R BS.1387 即 PEAQ 算法是目前已知的客观评测方法中与主观评测相关度最高的方法。本书也重点研究这种算法。

PEAQ（Perceptual Evaluation of Audio Quality）算法是综合了六种方案 DIX（DiSturbance Index）、NMR（Noise to Mask Ratio）、PAQM（Perceptual Audio Quality Measure）、PERCEVAL（Perceptual Evaluation）、POM（Perceptual Objective Measure）和 The Toolbox Approach 提出的，是基于输入输出方式的客观评价算法中最优秀的一种，它以心理声学模型为基础，通过时频变换、频带分组、掩蔽计算、谐波分析、神经网络等方法较好地模拟了从人耳对声音产生响应到最终感知的全过程，与主观评价的相关度可达到 0.95 以上，因而被广泛地使用。

PEAQ 有两个版本，基本版本和高级版本，两个版本的原理是相同的，但基本版本计算复杂度相对较低，适合用在对实时性要求较高的应用；高级版本计算精度高，计算复杂度也较高。PEAQ 算法原理显示于图 3-3 中。

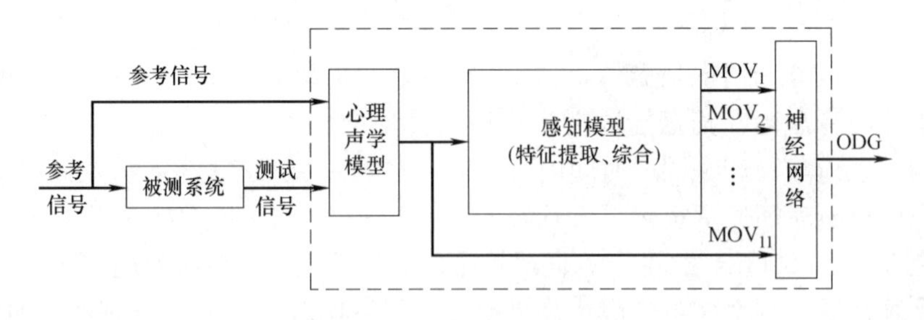

图 3-3　PEAQ 原理图

从图 3-3 中可以看出，PEAQ 算法包括三个计算模块：心理声学模块、感知模块和神经网络模块。其中心理声学模型的计算方法是：对于基本版本，音频信号通过 FFT 变换到频域，通过频谱系数加权来模拟外耳和中耳对声音的频率响应，再将其映射到生理感知域；高级版本则通过滤波器组完成上述变换。再根据心理声学理论，考虑同时掩蔽、前向掩蔽及后向掩蔽的影响可计算出掩蔽门限。感知模型负责信号分析和综合，目的是更好地模拟人耳的感觉特性。神经网络负责将以上两个模块计算出的模型输出变量（Model Output Variables，MOV）参数并映射成一个客观差异等级（Objective Difference Grade，ODG）。

下面具体介绍基本版本的 PEAQ 算法过程，本书以后的研究也是针对 PEAQ 算法的基本版本。分为以下四个方面说明：基于 FFT 的感知模型算法、激励样本预处理算法、MOV 参数计算方法和 ODG 计算方法。

(1) 基于 FFT 的感知模型

1）数据分帧

PEAQ 算法的计算过程以数据帧为运算单元，需要对输入音频信号进行分帧处理。输入信号包括原始音频信号 x_{ref}和测试信号 x_{test}，其采样频率 $F_{\mathrm{s}}=48\mathrm{kHz}$，每帧采样点个数为 N_{F}，时域样点值记为 $x_n[k]$，k 的范围从 0 到 N_{F}，即：

$$x_n[k]=x\left[n\times\frac{N_{\mathrm{F}}}{2}+k\right],0\leqslant k\leqslant N_{\mathrm{F}} \tag{3-3}$$

式中：n——当前帧计数；

$N_{\mathrm{F}}=2048$，也即是每帧数据时域长度约为 43ms。

2）时域加窗

为防止频谱混叠，需对每帧数据加汉宁窗处理，离散汉宁窗函数为：

$$h[n,N_{\mathrm{F}}]=\begin{cases}0.5\times\left[1-\cos\left(\dfrac{2\pi n}{N_{\mathrm{F}}-1}\right)\right] & 0\leqslant n\leqslant N_{\mathrm{F}}-1\\ 0 & \text{其他}\end{cases} \tag{3-4}$$

而后通过求复频谱的幅度谱来实现窗函数系数的校正，校正值的计算方法为：

$$G_{\mathrm{L}}=\frac{10^{L_{\mathrm{p}}/20}}{\gamma(f_{\mathrm{c}})\dfrac{A_{\max}}{4}(N_{\mathrm{F}}-1)}\sqrt{\frac{3}{8}N_{\mathrm{F}}} \tag{3-5}$$

式中，$G_{\mathrm{L}}=5.722$。校正后的值为 $h_{\mathrm{w}}(n,\ N_{\mathrm{F}})=G_{\mathrm{L}}\times h(n,\ N_{\mathrm{F}})$。

3）DFT 变换及响度比例因子

通过离散傅里叶变换将加窗后的时域信号转换到频域，即：

$$x[k]=\frac{1}{N_{\mathrm{F}}}\sum_{n=0}^{N_{\mathrm{F}}-1}h_{\mathrm{w}}[n]\times x[n]\cdot \mathrm{e}^{-j2\pi nk/N_{\mathrm{F}}},0\leqslant k\leqslant N_{\mathrm{F}} \tag{3-6}$$

而后求出对应谱线上的能量，即 $X_1[k]=|x[k]|^2$。

4）外耳和中耳模拟

为模拟外耳和中耳对声音的衰减特性，取其传输函数为：

$$A_{\mathrm{dB}}(k)=-2.184(k/1000)^{-0.8}+6.5\mathrm{e}^{-0.6(k/1000-3.3)^2}-0.001(k/1000)^{3.6}$$

$$W(k)=(10^{A_{\mathrm{dB}}(k)/20})^2 \tag{3-7}$$

外耳、中耳特性曲线如图 3-4 所示。

通过外耳、中耳滤波器的特性，对 DFT 变换的结果加权：

$$X[k]=W[k]\times X_1[k] \tag{3-8}$$

5）计算信号差异

用上述方法对原始音频信号 x_{ref}和测试信号 x_{test}求信号差异：

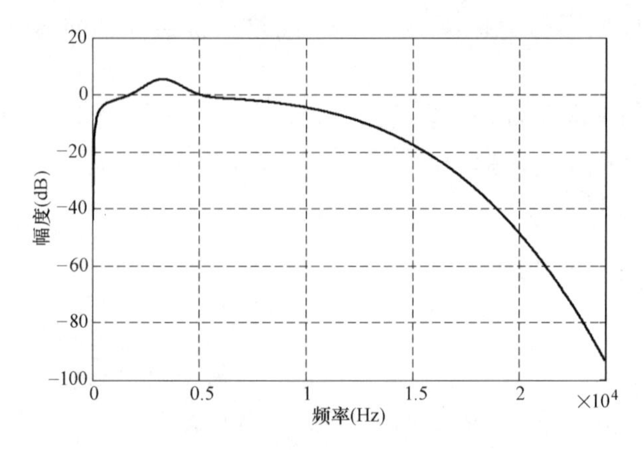

图 3-4　外耳中耳特性曲线

$$X_{\mathrm{diff}}[k]=X_{\mathrm{ref}}[k]-2\sqrt{X_{\mathrm{ref}}[k]\cdot X_{\mathrm{test}}[k]}+X_{\mathrm{test}}[k],0\leqslant k\leqslant N_{\mathrm{F}}/2 \tag{3-9}$$

6）听觉滤波带分组

为模拟基底膜的频率特性，频谱被划分到 109 个互不交叠的子带中。这些子带在 Bark 域上是等宽的，听觉滤波带分组方法如图 3-5 所示：

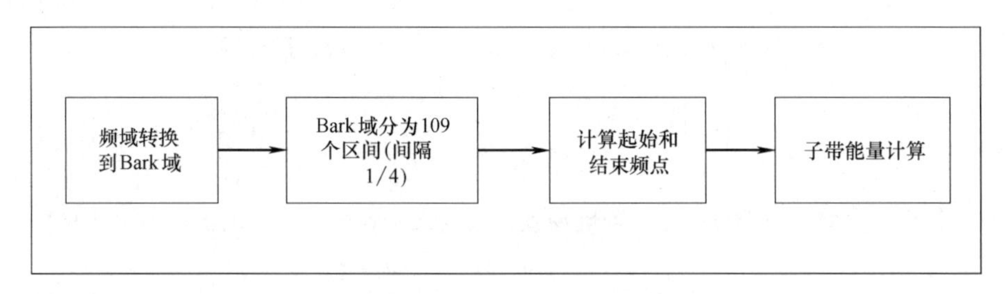

图 3-5　听觉滤波带分组方法

其中，频域与 Bark 域的转换关系为：

$$z=B(k)=7\mathrm{asinh}(k/650) \tag{3-10}$$

k 取值为 80Hz 和 18kHz，分别计算 B（80）和 B（18000）。把 B（80）～B（18000）平均分为 109 个区间，通过其反变换：

$$k=B^{-1}(z)=650\times\sinh(z/7) \tag{3-11}$$

计算对应 109 个子带的起始频点、终止频点和中心频点。对应的 k 值见附录 1。

根据每个子带的起始频点和终止频点，计算出每个子带中的谱线数。对应子带的谱线数见附录 1。根据附录 1 中对应子带的谱线数，计算第 5 步得到的 $X[K]$ 在 109 个子带的能量 E_{s}，计算方法为：

$$E_{\mathrm{s}}[f]=\max(U_l(f)\times X_1(f)+\sum_{i=2}^{Bin(f)-1}X_i(f)+U_{\mathrm{u}}(f)\times X_{\mathrm{Bin}}(f),E_{\min}) \tag{3-12}$$

U_l和 U_{u}的值见附录 1。听觉滤波带分组后频域与 Bark 域对应关系如图 3-6 所示。从图 3-6 中可以看出，每个子带在 Bark 域上的宽度是相等的，在频域的宽度随着频率的增加变大。

7）加内部噪声

为模拟人耳的内部噪声（如血液循环）对听觉效果的影响，需要给各个子带添加一个

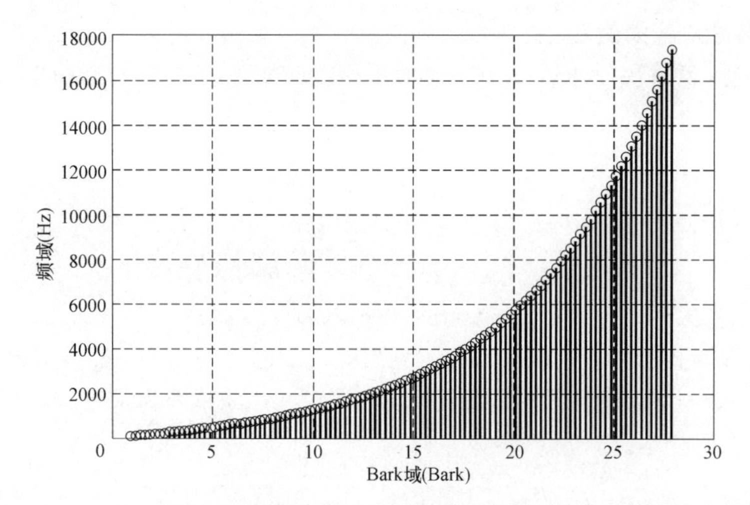

图 3-6　频域和 Bark 域之间的对应关系图

偏移量 $E_{in}(f)$，其计算公式为：

$$E_{indB}(f)=0.4\times 3.64\times (f/1000)^{-0.8} \tag{3-13}$$

其中，f 取值为附录 1 中的 f_c。$E_{in}(f)$ 的值见附录 1 并如图 3-7 所示。

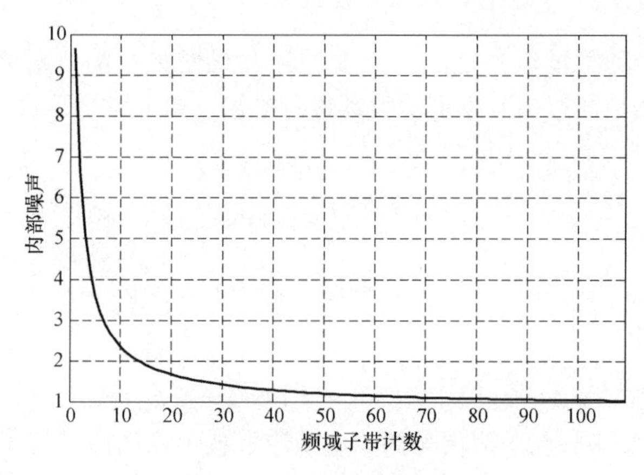

图 3-7　子带内部噪声

叠加内部噪声后的信号为：

$$E[f]=E_s[f]+E_{in}(f) \tag{3-14}$$

8）计算频域掩蔽阈值

频域掩蔽在 Bark 域上进行。将各子带的能量经由一个扩展函数 $S(i,\ l,\ E[l])$ 分配至整个听域空间，那么第 i 子带的能量就是各子带能量在该子带贡献的和。扩展函数如下式所示。

$$S_{dB}(i,l,E[l])=\begin{cases}S_l(i-l)\Delta z & i\leqslant l\\ S_u(i-l)\Delta z & i>l\end{cases} \tag{3-15}$$

为消除扩展函数在各子带中引入的增益，需要引入归一化因子，则

$$E_s[i]=\frac{1}{B_s[i]}\left(\sum_{i=0}^{Z-1}(E[l]\times S(i,l,E[l]))^{0.4}\right)^{\frac{1}{0.4}},0\leqslant i\leqslant Z \tag{3-16}$$

9）计算时域掩蔽阈值

为表示方便，我们引入标号 n 作为帧号索引。时域掩蔽的计算方法如下式：

$$\tau(i)=\tau_{\min}+\frac{100\text{Hz}}{f_c(i)}(\tau_{100}-\tau_{\min}) \tag{3-17}$$

$$a(i)=\exp(-1/(F_s\times\tau[i])) \tag{3-18}$$

$$b(i)=1-a(i) \tag{3-19}$$

$$E_f(i,n)=a(i)\times E_f(i,n-1)+b(i)\times E_s(i,n) \tag{3-20}$$

$$E_{hs}(i,n)=\max(E_f(i,n),E_s(i,n)) \tag{3-21}$$

其中，$f_c[i]$ 为各子带的中心频点，其值见附录 1，$\tau_{100}=30\text{ms}$，$\tau_{\min}=8\text{ms}$。计算 $E_f[i,n]$ 时，取 $E_f[i,-1]=0$。$a(i)$ 的值见附录 1。$E_{hs}(i,n)$ 即为基于 FFT 感知模型的最终结果，称为激励样本。

(2) 激励样本预处理

在计算 MOV 参数之前，需对 FFT 感知模式输出的激励样本进行预处理。在下述计算中，用下标 R 表示参考信号量，下标 T 表示测试信号量，k 代表频带索引，n 代表帧索引。若无特别说明，各变量初始值均为 0。

1）适应

为补偿参考信号和测试信号之间的响度差异和线性失真需要对激励样本进行适应调整。首先，各子带能量通过一阶低通滤波器进行平滑。时间常数取决于各子带的中心频率 $f_c[k]$。

$$\tau[k]=\tau_{\min}+\frac{100}{f_c[k]}(\tau_{100}-\tau_{\min}),0\leqslant k<Z \tag{3-22}$$

$$\alpha[k]=\mathrm{e}^{\left(-\frac{1}{F_{ss}\times\tau[k]}\right)} \tag{3-23}$$

其中，$F_{ss}=F_s/1024$。

$$P_R[k,n]=\alpha[k]P_R[k,n-1]+(1-\alpha[k])\widetilde{E}_{sR}[k,n] \tag{3-24}$$

时间修正因子 $C_L[n]$ 用于两信号的响度适应，各子带的修正因子 $R[k,n]$ 为：

$$R[k,n]=\frac{\alpha[k]\times R_n[k,n-1]+E_{LR}[k,n]\times E_{LT}[k,n]}{\alpha[k]\times R_d[k,n-1]+E_{LR}[k,n]\times E_{LR}[k,n]} \tag{3-25}$$

将子带的修正因子 $R[k,n]$ 进行时频平滑，计算样本修正因子得：

$$P_{CR}[k,n]=\alpha[k]P_{CR}[k,n-1]+(1-\alpha[k])P_{\alpha R}[k,n] \tag{3-26}$$

样本修正因子用于计算参考信号和测试信号的谱适应样本，即：

$$E_{PR}[k,n]=E_{LR}[k,n]P_{CR}[k,n] \tag{3-27}$$

2）调制计算

平均响度差值 $\overline{D}[k,n]$ 为：

$$\overline{D}_R[k,n]=\alpha[k]\overline{D}_R[k,n-1]+(1-\alpha[k])F_{ss}\left|(E_{sR}[k,n])^{0.3}-(E_{sR}[k,n-1])^{0.3}\right| \tag{3-28}$$

各子带的包络调制为：

$$M_R[k,n]=\frac{\overline{D}_R[k,n]}{1+\overline{E}_R[k,n]/0.3} \tag{3-29}$$

3）响度计算

各子带 $N[k,n]$ 的响度计算方法为：

$$N_R[k,n]=c\times\left(\frac{E_1[k]}{s[k]E_0}\right)^{0.23}\left[\left(1-s[k]+\frac{s[k]\widetilde{E}_{sR}[k,n]}{E_1[k]}\right)^{0.23}-1\right] \tag{3-30}$$

式中，FFT 模型和滤波器组模型中的 c 参数不一样。则总响度 $N_{tot}[n]$ 为：

$$N_{totR}[n]=\frac{24}{Z}\sum_{k=0}^{Z-1}\max(N_R[k,n],0) \tag{3-31}$$

（3）MOV 参数的计算

在计算 MOV 变量之前，对音频有一个预处理的过程，包括寻找数据边界和时延的问题。其中，对数据边界的处理办法是：从文件头开始往下顺延，若连续五个采样点的绝对值之和大于 200，则该处为有效数据的开始。对平均时延的处理办法为：将开头的 0.5s 忽略。

ITU-R BS. 1387-1 标准中的 11 个 MOV 变量的命名如表 3-2 所示。

PEAQ 基本版本 MOV 值 **表 3-2**

序号	MOVs	描述	序号	MOVs	描述
1	$BandwidthRef_B$	参考信号带宽	7	$AvgModDiff2_B$	平均调制差异
2	$BandwidthTest_B$	测试信号带宽	8	$RmsNoiseLoud_B$	失真响度
3	$WinModDiff1_B$	窗调制差异	9	$MFPD_B$	最大滤波可察觉概率
4	ADB_B	平均块失真	10	$RelDistFrames_B$	相关扰动帧
5	EHS_B	误差谐波结构	11	$Total\ NMR_B$	噪声掩蔽比
6	$AvgModDiff1_B$	平均调制差异			

1）*Bandwidth*

该参数由参考信号和测试信号的 FFT 输出计算而来。具体方法为：

① 在测试信号中，找出 21.6kHz 以上信号的最大幅值（单位 dB）作为参考门限；

② 在参考信号中，从 21.6kHz 开始往低频搜索，找到第一个超过参考门限 10dB 的样点，记下此样点的索引号 $K_R[n]$；

③ 在测试信号中，从上步记下的索引号 $K_R[n]$ 开始往低频搜索，找到第一个超过参考门限 5dB 的样点，记下此时的索引号为 $K_T[n]$；

④ 取 $K[n]$ 的时域平均即为两个输入信号的最终带宽。

$BandwidthRef_B$ 为：

$$W_R=\frac{1}{N}\sum_{n=0}^{N-1}K_R[n] \tag{3-32}$$

2）$BandwidthTest_B$ 为：

$$W_T=\frac{1}{N}\sum_{n=0}^{N-1}K_T[n] \tag{3-33}$$

3）$WinModDiff1_B$

计算该参数时，瞬时调制差 $M_{diff1_B}[k,n]$ 为：

$$M_{\mathrm{diff1_B}}[k,n]=\frac{|M_{\mathrm{T}}[k,n]-M_{\mathrm{R}}[k,n]|}{1+M_{\mathrm{R}}[k,n]} \tag{3-34}$$

取各子带的平均值：

$$\widetilde{M}_{\mathrm{diff1_B}}[n]=\frac{100}{Z}\sum_{k=0}^{Z-1}M_{\mathrm{diff1_B}}[k,n] \tag{3-35}$$

4）ADB_{B}

ADB_{B} 参数的计算方法为：

$$ADB_{\mathrm{B}}=\begin{cases}0, & N=0\\ \log_{10}(Q_{\mathrm{s}}/\mathrm{N}), & N>0,Q_{\mathrm{s}}>0\\ -0.5, & N>0,Q_{\mathrm{s}}=0\end{cases} \tag{3-36}$$

其中

$$Q_{\mathrm{s}}=\sum_{n=0}^{N-1}\sum_{k=0}^{Z-1}\left(\frac{|\operatorname{int}(\widetilde{E}_{\mathrm{sRdB}}[k,n]-\widetilde{E}_{\mathrm{sTdB}}[k,n]|}{s[k,n]}\right) \tag{3-37}$$

5）EHS_{B}

该参数用于表征参考信号和测试信号差异的谐波结构。要求 $\mathrm{EHS_B}$ 需要先计算两个输入信号频谱的对数差值：

$$D[k]=\log(|W[k]X_{\mathrm{T}}[k]|^{2})-\log(|W[k]X_{\mathrm{R}}[k]|^{2})=2\times\log\left(\frac{|X_{\mathrm{T}}[k]|}{|X_{\mathrm{R}}[k]|}\right) \tag{3-38}$$

取频谱上第一个谷值之后 $E_{\mathrm{H}}[k]$ 的最大值为 $E_{\mathrm{Hmax}}[k]$，最终的 EHS_{B} 系数为：

$$EHS_{\mathrm{B}}=\frac{1000}{N}\sum_{n=0}^{N-1}E_{\mathrm{Hmax}}[n] \tag{3-39}$$

6）$AvgModDiff1_{\mathrm{B}}$

取 $\widetilde{M}_{\mathrm{diff1_B}}[n]$ 的时域加权平均值即为 $AvgModDiff1_{\mathrm{B}}$ 参数，计算方法为：

$$M_{\mathrm{Adiff1_B}}=\frac{\sum_{n=0}^{N-1}W_{1_{\mathrm{B}}}[n]\widetilde{M}_{\mathrm{diff1_B}}[n]}{\sum_{n=0}^{N-1}W_{1_{\mathrm{B}}}[n]} \tag{3-40}$$

7）$AvgModDiff2_{\mathrm{B}}$

此处的瞬时调制差异 $M_{\mathrm{diff2_B}}[k,n]$ 取为：

$$M_{\mathrm{diff2_B}}[k,n]=\begin{cases}\dfrac{M_{\mathrm{T}}[k,n]-M_{\mathrm{R}}[k,n]}{0.01+M_{\mathrm{R}}[k,n]}, M_{\mathrm{T}}[k,n]\geqslant M_{\mathrm{R}}[k,n]\\ 0.1\,\dfrac{M_{\mathrm{R}}[k,n]-M_{\mathrm{T}}[k,n]}{0.01+M_{\mathrm{R}}[k,n]}, M_{\mathrm{T}}[k,n]<M_{\mathrm{R}}[k,n]\end{cases} \tag{3-41}$$

则 $AvgModDiff2_{\mathrm{B}}$ 为：

$$M_{\mathrm{Adiff2_B}}=\frac{\sum_{n=0}^{N-1}W_{2_{\mathrm{B}}}[n]\widetilde{M}_{\mathrm{diff2_B}}[n]}{\sum_{n=0}^{N-1}W_{2_{\mathrm{B}}}[n]} \tag{3-42}$$

8）$RmsNoiseLoud_{\mathrm{B}}$

局部噪声响度 $N_L[k, n]$ 计算方法为：

$$N_L[k,n]=\left(\frac{E_{IN}[k]}{s_T[k,n]}\right)^{0.23}\left[\left(1+\frac{\max(s_T[k,n]E_{PT}[k,n]-s_R[k,n]E_{PR}[k,n],0)}{E_{IN}[k]+\beta[k,n]s_R[k,n]E_{PR}[k,n]}\right)^{0.23}-1\right] \tag{3-43}$$

最终的 $RmsNoiseLoud_B$ 参数为：

$$N_{Lrms_B}=\sqrt{\frac{1}{N}\sum_{n=0}^{N-1}(\widetilde{N}_L[n])^2} \tag{3-44}$$

9）$MFPD_B$

$MFPD_B$ 参数的计算方法为：

$$P_M[n]=\max(P_M[n-1],\widetilde{P}_b[n]) \tag{3-45}$$

$$\widetilde{P}_b[n]=0.9\widetilde{P}_b[n-1]+0.1P_b[n],\widetilde{P}_b[-1]=0 \tag{3-46}$$

$$P_b[n]=1-\prod_{k=0}^{Z-1}(1-\max(p_1[k,n],p_2[k,n])) \tag{3-47}$$

10）$RelDistFrames_B$

假设

$$R_{Nmax}[n]=\max_{0\leqslant k\leqslant Z-1}\left(\frac{E_{hN}[k,n]}{g_m[k]\widetilde{E}_{sR}[k,n]}\right) \tag{3-48}$$

则音频信号中满足 $R_{Nmax}[n]\geqslant 1.5\text{dB}$ 的总帧数即为参数 $RelDistFrames_B$ 的值。

11）$TotalNMR_B$

将各个频域子带的掩蔽阈值和样本噪声加权平均，计算整帧数据的 NMR，其计算公式为：

$$NMR=10\log_{10}\left(\frac{1}{n}\times\frac{1}{109}\sum_{p=0}^{n}\sum_{m=1}^{109}\frac{E_{bN}[p,m]}{g[p,m]E_{hS}[p,m]}\right) \tag{3-49}$$

式中：E_{bN}——噪声源；

E_{hS}——掩蔽阈值；

$g[m]$ 是掩蔽阈值的加权；

m——频域子带数，表达式为：

$$g[m]=\begin{cases}10^{-3/10} & m\leqslant 48\\ 10^{m/16} & m>48\end{cases} \tag{3-50}$$

从式 3-49 可以看出，NMR 参数在综合计算超过两帧的音频数据时，对时域上每帧音频信号的加权系数相同，即是单纯的 NMR 值相加求平均。但人耳的主观感受类似于短板效应，即少数音质差的帧的存在会使主观感受的评价等级快速下降，因而 NMR 值不能准确地体现大于两帧时长音频的整体主观感受。

（4）计算 ODG

将前述 MOV 按照 BP 神经网络模型进行整合，输出 ODG 等级。生成 ODG 值的结构如图 3-8 所示，ODG 取值及对应的损伤程度显示于表 3-3 中。ITU 标准指出，ODG 值在 ±0.02 之内是合格的。

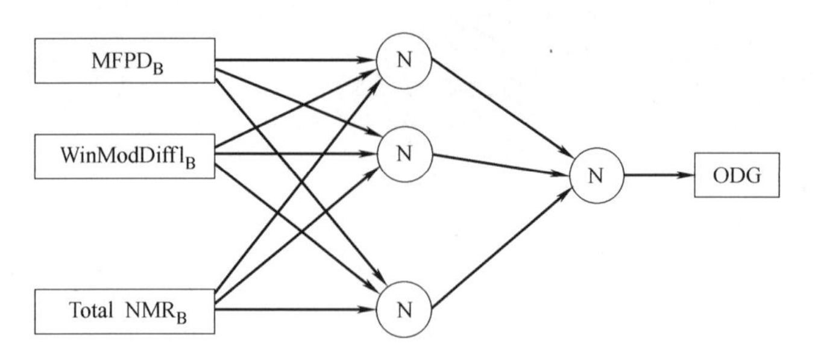

图 3-8 神经网络计算 ODG 结构图

ODG 值与主观评分等级和相应损伤的对应关系如表 3-3 所示，ODG 值分布在 0～－4 之间，并且可取小数。

主观评分等级 表 3-3

主观评分等级	损伤程度	ODG
5	损伤不可察觉	0
4	损伤可察觉，但不讨厌	－1
3	稍讨厌	－2
2	讨厌	－3
1	非常讨厌	－4

3.1.3 传统评价方法所存在的问题

主观评价不但耗费大量人力、物力，而且受到测试条件、测试者素质等多方面不确定因素的影响，关键是无法满足实时检测的需求，并不适用本书中对大量音频文件进行评价的要求。以 SNR 为代表的传统的客观评价算法，虽然可以用计算机快速得到音质评价的结果，但由于在评测时没有考虑到人耳的特性，因而并不能反映人耳对于音质的实际感受。PEAQ 算法既能够满足实时监测的需求，又能与主观评测达到 0.95 的相关度，是进行大量音频评测且对音质评测要求较高时的首选评价方法。

然而，在我们对 PEAQ 算法的研究过程中发现，对于有些音频数据，PEAQ 算法输出的 ODG 等级相同时，人耳听到的音质感觉却不一样，甚至相差很大。同时研究发现，在这种情况下，人耳听到的音质的好坏与 PEAQ 算法中其中一个 MOV 变量 NMR 相一致。这种 ODG 等级与人耳感受出现的不一致是在测试数字信号不同带宽时发现的，下面首先介绍测试中不一致数据的产生方法，而后分析出现 ODG 等级与人耳感受不一致的原因。

数字信号不同带宽时 HD Radio 系统发射接收模型如图 3-9 所示。实验中使用音频数据时长为 10.24s，采样频率为 48kHz 的新闻节目，其波形显示在图 3-10 中。

测试方法为：首先，以 2048 个采样点为一帧数据，将 10.24s 音频分为 240 帧。以第 i 帧的模拟音频数据作为图 3-10 中模拟信号的输入，记为 m_i；数字信号调制时距载波 150kHz～200kHz 时，则数字信号单边带带宽为 50kHz，得到的模拟 FM 解调信号记为

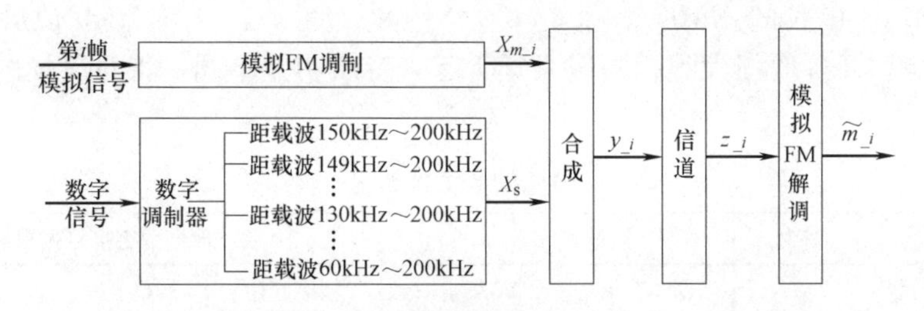

图 3-9 数字信号不同带宽时 HD Radio 系统发射接收模型

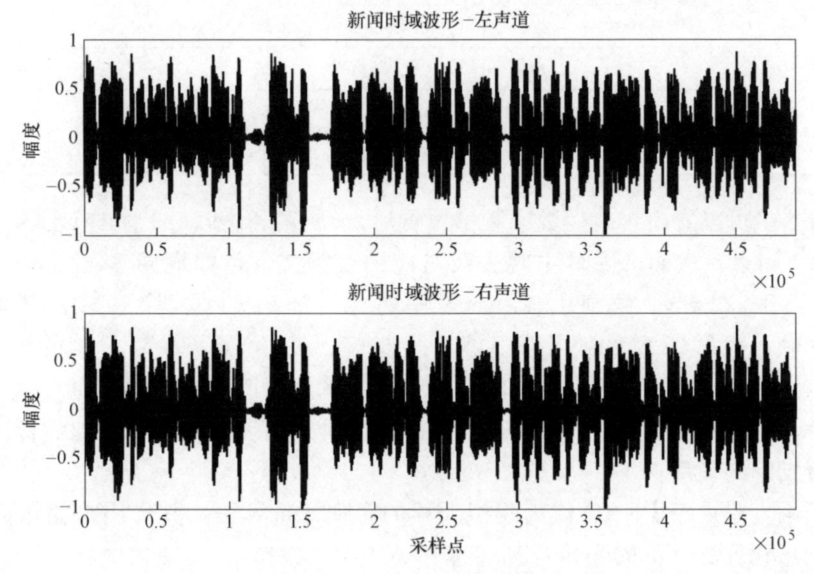

图 3-10 新闻节目时域波形

$\widetilde{m}_{\_i,50}$；数字信号调制时距载波 149kHz～200kHz 时，则数字信号单边带带宽为 51kHz，得到的模拟 FM 解调信号记为 $\widetilde{m}_{\_i,51}$，以此类推。至此得到每帧模拟信号的原始数据 $m_{\_i}$，$1\leqslant i\leqslant 240$ 和经接收端调制解调后的对应帧的模拟信号 $\widetilde{m}_{\_i,p}$，$1\leqslant i\leqslant 240$，$60\leqslant p\leqslant 150$。

然后，将 $m_{\_i}$ 和 $\widetilde{m}_{\_i,p}$ 分别作为参考信号和测试信号送入图 3-3 所示的 PEAQ 算法框图中，得到对应每帧模拟信号的 NMR 值 $NMR_{\_i,200-p}$ 和 ODG 值 $ODG_{\_i,200-p}$。由于 NMR 值作为 PEAQ 算法的一个 MOV 参量，其算法蕴含在庞然复杂的 PEAQ 算法中，不容易研究其算法过程，因而作者将其算法重新整理，将其框图显示于图 3-11 中。

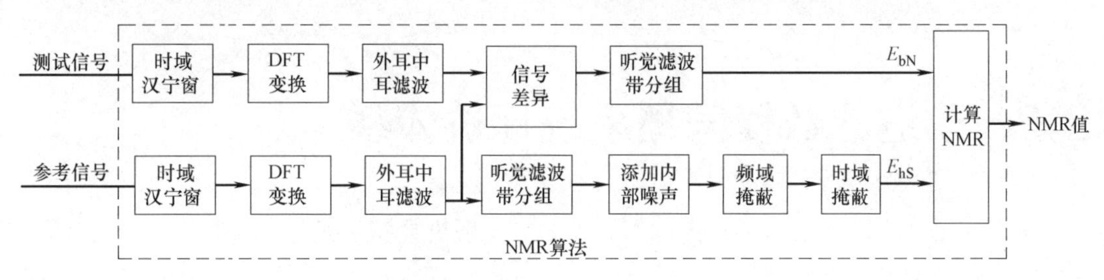

图 3-11 NMR 计算过程详细框图

计算出所有 240 帧的 NMR_i，$1\leqslant i\leqslant 240$ 值和 ODG_i，$1\leqslant i\leqslant 240$ 值后，发现第 6、7、8、9、23 帧 ODG 等级大致相同但人耳听起来音质明显不同，将对应帧的数据列于表 3-4 中。

特殊帧的仿真数据 **表 3-4**

源信号	序号	原始参数		改变数字信号位置后		
	i	$ODG\_{i,130}$	$NMR\_{i,130}$	频谱起始	ODG_i	NMR_i
新闻 ±(130−200)	6	−1.302	0.470673	83	−2.043	7.81803
	7	−0.844	−5.53824	75	−2.066	7.54834
	8	−1.487	0.784905	96	−2.102	7.52174
	9	−0.942	−0.95614	64	−2.059	16.0532
	23	−1.688	−3.7924	116	−2.126	−1.84246

从表 3-4 中可以看出，改变数字频谱位置后，6、7、8、9、23 帧的 ODG 等级基本相同，在−2.1 附近。然而，人耳主观去听对应的音频文件，即解调 6 _ 2.wav、解调 7 _ 2.wav、解调 8 _ 2.wav、解调 9 _ 2.wav、解调 23 _ 2.wav，发现第 9 帧的效果明显差于第 6、7、8 帧，而第 23 帧的效果明显好于第 6、7、8 帧，第 6、7、8 帧的效果介于第 9 帧和第 23 帧之间。而这种音质效果的排序与各帧的 NMR 值排序相对应。我们又对其他有类似 ODG 值和人耳感受不一致的音频数据进行研究发现，人耳感受到的音质好坏确实与 NMR 值成单调关系。

究其原因，是由于 PEAQ 作为模拟人耳的客观评价算法，其作用是衡量同一音频节目源，不同量化方法（不同噪声）所带来的人耳听觉差异。而在实时的 HD Radio 系统中，发送端的模拟广播节目是不断变化的，即图 3-3 中输入的参考信号在不断变化，因而用 PEAQ 算法去衡量不同时刻或不同音源的节目时，PEAQ 等级的客观性便与主观听觉效果产生差异。

因而，我们可以得出结论：在节目源相同、噪声不同时，ODG 等级具有跟噪声大小相一致的人耳感受，即噪声越大，ODG 等级越低；但在节目源不同时，ODG 等级相同的音频不能保证有相同的人耳感受质量；节目源不同且音频持续时间小于等于 43ms 时，NMR 值相同可认为人耳听到的感知质量相同。

我们考虑将 NMR 值和 ODG 等级相结合，提出改进的 PEAQ 算法作为数模同播系统的评价标准。这为本书制定“相同音质”这一标准提供支撑。

3.2 改进的数模同播系统评价体系

本书在第 2 章中提出数字频谱动态分配的方案解决数模干扰时变性的缺陷，数字频谱的位置离模拟信号越近，所带来的数字信号的传输带宽就越大，信道容量就越大，但同时数字信号对模拟信号的干扰越大。因而数字频谱并不能无限地接近模拟信号，这就需要为数字频谱位置分配的程度制定界限。图 3-12 显示本书提出的数模同播系统的评估模型。

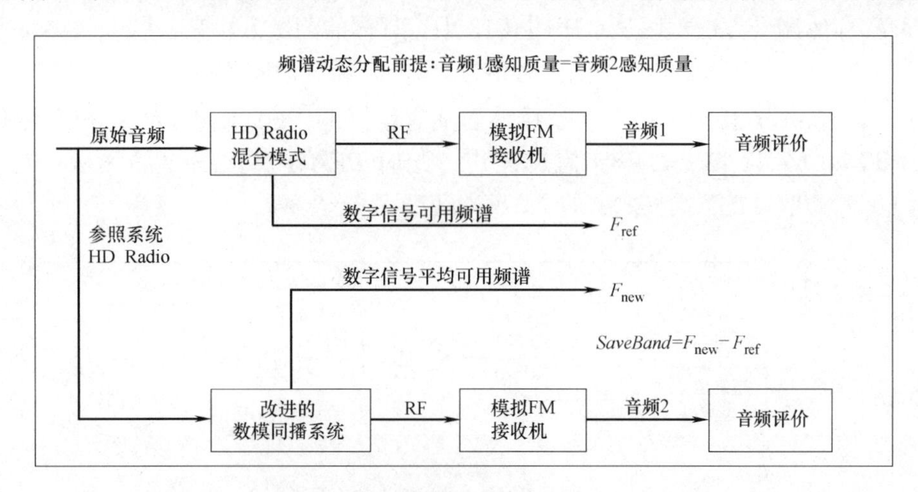

图 3-12 改进的数模同播系统的评估模型

从图 3-12 可以看出，频谱动态分配的 IBOC 系统首先应保证解调模拟信号的感知音质和 HD Radio 系统解调模拟信号的感知音质相同，即“音频 1 感知质量＝音频 2 感知质量”。也就是说，数字频谱位置分配的程度，是以解调端模拟信号的音质不劣于 HD Radio 系统中解调模拟信号的音质为前提。在音质相同或不劣于 HD Radio 系统音质的前提下，本书提出的数模同播系统中数字平均可用频谱增益为 $SaveBand=F_{new}-F_{ref}$。

具体地，数模同播系统中干扰评价的方法是：对于频谱动态分配算法中整个时间长度的音频文件，由于模拟音源相同，只是噪声不同，因而使用 PEAQ 算法的输出量 ODG 等级作为指标，保证数字频谱动态调整后的模拟音频文件，其 ODG 等级不差于原 HD Radio 系统的 ODG 等级 $ODG_{\_all}$；而对于不同帧信号的数字频谱位置的确定，由于模拟音源不同，且每帧信号的持续时间很短，只有 43ms，使用 HD Radio 系统解调模拟信号的 NMR 的参考值 $NMR_{_ref}$来衡量，确保频谱动态分配算法结束后每帧模拟信号有近似相同的 NMR 值，以解决固定的数字频谱位置带来的噪声时变的问题。从而在不影响模拟 FM 音频质量的前提下，节省频谱，提高系统传输能力。

3.2.1 不同音源的评价指标

在 3.2 节提到的参量 $NMR_{\_ref}$，有 $NMR_{\_ref}=NMR_{\_all}+Num$，其中 Num 为整数，Num 值随着谱动态分配算法的不同而变化；$NMR_{_all}$是 HD Radio 系统特定模式中一类模拟 FM 信号的整体 NMR 值，其值随着 HD Radio 模式的不同和节目类型的不同而变化。在不同的频谱动态分配算法中，Num 的取值不同，大多数情况下，Num 的初始值为 0，频谱动态分配算法结束后 Num 的具体值在第 4 章的算法中有详细介绍。下面主要介绍 $NMR_{_all}$的计算方法。

考虑到实验要具有一定的代表性，测量 $NMR_{_ref}$值时音频节目的类型选为流行乐、新闻、戏曲、古典乐、评书和摇滚六类节目，其中新闻和评书属于谈话类节目，话语间隙大，其余四类属于音乐类节目。戏曲、古典乐、评书和摇滚六类节目的时域波形图显示于附录 2 中。每类节目的时长都取 10.24s，采样频率为 48kHz。

$NMR_{_all}$的测量方法框图显示于图 3-13 中，具体的测试方法为：以 10.24s 6 类节目分别为 $m(t)$，作为 PEAQ 算法中的参考信号；$m(t)$ 经过 HD Radio 调制解调模型后的输出为 $\widetilde{m}(t)$，将 $\widetilde{m}(t)$ 作为 PEAQ 算法中的测试信号，其中 HD Radio 系统分别采用 MP1、MP2、MP3 和 MP11 模式，不计信道噪声；此时 PEAQ 算法输出的 NMR 值，记为 $NMR_{\_all}$。六类节目在不同模式下的 $NMR_{_all}$值显示于表 3-5。

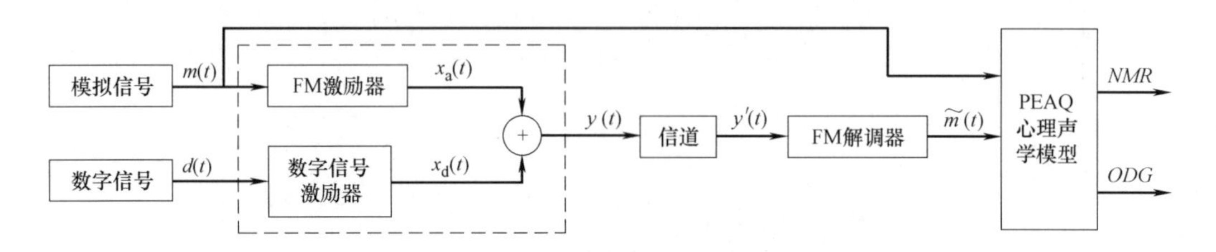

图 3-13　$NMR_{_all}$的测量方法框图

HD Radio 不同模式下 6 类节目的 $NMR_{_all}$值（dB）　　**表 3-5**

参数	流行乐	新闻	戏曲	古典乐	评书	摇滚
MP1 模式	2.0093	3.0358	0.1073	14.9813	16.7633	−4.0207
MP2 模式	3.5859	4.7132	1.7652	16.5855	18.4053	−2.3895
MP3 模式	4.3070	5.4387	2.4837	17.2949	19.1124	−1.4971
MP11 模式	6.1209	7.1836	4.0852	18.9112	20.6129	2.2106

从表 3-5 可以看出，不同类节目的 $NMR_{_all}$值相差很大。虽然在同一个模式下，加入的数字音频信号相同，但从表中可以看出，摇滚和戏曲类节目具有最好的人耳感知效果，而古典乐和评书类节目的音质感觉最差，流行乐和新闻类节目的音质处于 6 类节目中的中间位置。

同时还可以看出，数字信号带宽扩展相同的值，不同节目的音质恶化程度并不相同。具体地，MP2 模式由于相比 MP1 模式数字信号带宽向靠近模拟信号方向靠近了近 10kHz，增加了数字信号对模拟信号的干扰，使解调出的各类节目音频的 NMR 值增加了 1.57dB～1.67dB 不等。MP3 模式中数字信号带宽向模拟信号方向靠近了近 7kHz，各类节目的解调音频 NMR 值增加了 0.70dB～0.89dB 不等；MP11 模式中数字信号带宽向模拟信号方向靠近了近 15kHz，解调的模拟音质则恶化了 1.50dB～3.70dB 不等。

3.2.2　相同音源不同噪声的评价指标

在 3.2 节对“音质相等”的定义中，数字频谱动态调整后的整段模拟音频，其 ODG 等级应不差于原 HD Radio 系统模拟音频的 ODG 等级 $ODG_{\_all}$。对于 $ODG_{_all}$的测试方法描述如下：仍以流行乐、新闻、戏曲、古典乐、评书和摇滚六类节目为例，以 10.24s 6 类节目分别为 $m(t)$，作为 PEAQ 算法中的参考信号；$m(t)$ 经过图 2-16 所示模型后 FM 解调器的输出为 $\widetilde{m}(t)$，作为 PEAQ 算法中的测试信号，时长为 10.24s；其中 HD Radio

系统分别采用MP1、MP2、MP3和MP11模式，不计信道噪声；按图3-13所示计算六类节目在不同模式下的ODG值，记为$ODG_{_all}$，计算结果见表3-6。

HD Radio不同模式下6类节目的$ODG_{_all}$值 **表3-6**

参数	流行乐	新闻	戏曲	古典乐	评书	摇滚
MP1模式	−1.9920	−2.2940	−1.5675	−3.3840	−3.7906	−1.3668
MP2模式	−2.2360	−2.5209	−1.8166	−3.4413	−3.8117	−1.4609
MP3模式	−2.3541	−2.6329	−1.9169	−3.4740	−3.8201	−1.5257
MP11模式	−2.6301	−2.8922	−2.1372	−3.5672	−3.8345	−2.0483

从表3-6可以看出，不同类节目的$ODG_{_all}$值相差很大，MP2模式相比MP1模式，各类节目的ODG等级下降0.02～1.02不等；MP3模式相比MP1模式，各类节目的ODG等级下降0.01～0.11不等；MP11模式相比MP3模式，各类节目的ODG等级下降0.01～0.52不等。

由于$ODG_{_all}$值在评价不同音源的音质时不具有统一单调性，即不同节目的$ODG_{_all}$等级越大，并不能代表人耳听到的音质越好，这也是PEAQ算法的不足之处。但在应用数字频谱动态分配算法确定整段音频节目的音质时，参考音源相同而只是不同数字频谱位置带来的噪声不同，因而可以使用$ODG_{_all}$值作为整段音质的参照标准。

3.3 数字频谱位置对音质的影响

本书在上节中制定了数模同播系统的干扰评价体系，不仅为数字频谱动态接入的程度制定了界限，而且力求通过数字频谱动态分配，使每帧数字信号有近似相同的收听质量。本节将分析数字频谱位置对模拟信号音质的影响，证明通过数字频谱动态的分配，能够在时间维度上使模拟信号的收听质量前后达到近似一致。

分别以流行乐节目和新闻节目为例，时长为10.24s，采样频率为48kHz，以2048个采样点为一帧数据，则10.24s音频共有240帧。流行乐节目和新闻节目的波形分别在图2-18和图3-10中已给出。以数字信号的单边带带宽50，55，60，…，140作为横轴，间隔为5kHz；以第i帧模拟音频的$NMR_{_i,50}$，$NMR_{\_i,55}$，$NMR_{\_i,60}$，…$NMR_{_i,140}$值作为纵轴，可得数字信号不同带宽条件下第i帧模拟音频的NMR变化情况。

其中$NMR_{_i,p}$的测试方法为：首先由图3-10所示模型得到每帧模拟信号的原始数据$m_{_i}$，$1\leqslant i\leqslant 240$和经接收端调制解调后的对应帧的模拟信号$\widetilde{m}_{_i,p}$，$1\leqslant i\leqslant 240$，$60\leqslant p\leqslant 150$；而后将$m_{_i}$和$\widetilde{m}_{_i,p}$分别作为图3-12 NMR算法中的参考信号和测试信号，得到对应每帧模拟信号的NMR值$NMR_{_i,200-p}$，$1\leqslant i\leqslant 240$，$60\leqslant p\leqslant 150$。

图3-14绘出了流行乐第3、5、90帧模拟音频的NMR值随数字信号带宽的变化情况，图中作标记的地方是该帧信号正方向最接近流行乐的NMR参考值（$NMR_{\_all}$）

2.009 时所对应的坐标，其中 $NMR_{\_all}$ 值的含义在 3.3.1 节中给出。

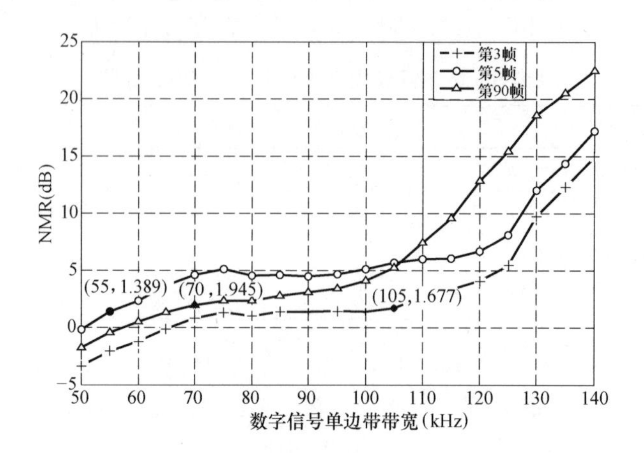

图 3-14　流行乐节目数字信号不同带宽时 NMR 变化

图 3-15 绘出了新闻节目第 6、49、50 帧模拟音频的 NMR 值随数字信号带宽的变化情况，图中作标记的地方是该帧信号正方向最接近新闻的 NMR 参考值（$NMR_{\_all}$）3.035 时所对应的坐标。

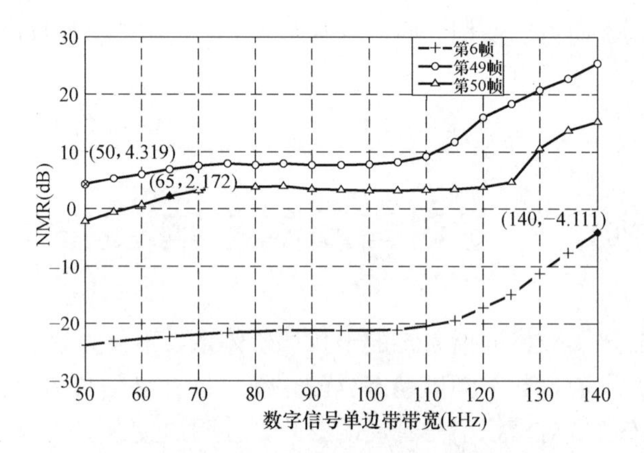

图 3-15　新闻节目数字信号不同带宽时 NMR 变化

从图 3-14、图 3-15 中可以看出：

① 每类节目的 NMR 参考值不同，是由该类节目的 $NMR_{\_all}$ 值决定的；

② 通过改变数字频谱的带宽，可以改变模拟信号的收听质量 NMR 值。对每一特定帧信号，模拟音频的 NMR 值随着数字信号带宽的增加而逐渐增大，但增大的速度不同，数字信号带宽为 75kHz～110kHz 时 NMR 增大的速度最缓慢；

③ 对同一类节目中的不同帧来说，为了取得与 $NMR_{\_all}$ 相当的 NMR 值，一些帧需要增加数字信号带宽，一些帧需要减小数字信号带宽。但总的说来，240 帧平均的数字信号带宽通常都大于原 HD Radio 系统中相同音质下的带宽位置；

④ 新闻节目的第 6 帧模拟音频在获得最大的数字单边带带宽 140kHz 时，其 NMR 值仍远小于 3.035，说明该帧信号的时隙内可放入更多的数字音频信号；第 49 帧模拟音频在获得最小的数字单边带带宽 50kHz 时，还大于新闻类节目的 $NMR_{\_all}$ 值 3.035。这说明对应此时的模拟信号，应减少数字信号的带宽。在以上 6 种样本音频中，这两种情况是

较为极端的情况。

⑤ 结合图 3-14 所示，为力求每帧流行乐数据都有统一的人耳感受质量，达到 240 帧流行乐数据整体的 NMR 值 2.00932dB，第 3 帧数字信号的频谱位置应位于 105kHz～200kHz，第 5 帧数字信号的频谱位置应位于 55kHz～200kHz，第 90 帧数字信号的频谱位置应位于 70kHz～200kHz，这样就达到了使这三帧流行乐模拟信号有相对统一的 NMR 值。若要使 10.24s 中 240 帧数据都有统一的感受质量，则对于其他 237 帧的处理方法与这三帧相同。

总之，通过对不同频谱位置下 NMR 值的分析可见，接收端模拟信号的音质随数字信号带宽的变化而变化，通过数字频谱动态分配技术，能够实现模拟解调音质前后一致的特性，可以解决 HD Radio 系统数模干扰时变的缺陷。

3.4 本章小结

本章探讨了主观评价、客观评价、基于心理声学模型的 PEAQ 评价、NMR 评价等各自的优缺点，并通过对 PEAQ 算法进行改进，将 NMR 与 PEAQ 相结合，对不同音源的信号评价时使用 NMR 衡量，对相同音源不同噪声的信号评价时使用 ODG 衡量，从而提出了适用于本书提出的改进型数模同播系统的音频评价标准。进一步地，在所提出的评价体系下，研究分析了不同数字频谱位置下模拟信号 NMR 值的变化情况，确定了通过频谱动态分配技术的引入，能够解决 HD Radio 系统干扰时变的问题。本章提出的数模同播系统评价体系为后续提出频谱动态分配算法制定界限。

4 数字频谱动态分配算法

通过第 3 章数模同播系统干扰评价体系的建立，及数字频谱位置对模拟音质的分析，确定了通过数字频谱动态分配技术能够解决数模干扰时变性的缺陷。本章将提出三种数模同播系统中频谱动态分配的具体算法：NMR 搬移法，频谱整体外移法、NMR 和频谱联合法。其中，任何数字频谱动态分配算法，都严格按照本书 3.2 节所建立的数模同播系统的干扰评价体系，即保证频谱动态分配后解调模拟 FM 信号的质量不劣于 HD Radio 系统 MP2 模式解调模拟 FM 信号的质量。

考虑到实验要具有一定的代表性，音频节目的类型选为流行乐、新闻、戏曲、古典乐、评书和摇滚六类节目。对于 PEAQ 等级的误差范围，ITU 标准指出，ODG 的等级结果在±0.02 之内可以认为音频质量是相同的。测试中采用统计分析的方法给出统计结果。在算法的说明过程中，符号及变量的定义如表 4-1 所示。

符号及变量定义 **表 4-1**

名称	定 义
N	每帧信号样点数，$N=2048$
M	原始音频总时间长度，10.24s
F_s	音频信号采样频率，48kHz
$nFrame$	总帧数
i	帧号
j	数字信号频谱的起始位置值，取值为 60kHz～150kHz
R_i	第 i 帧参考信号，为未经过任何处理的原始音频的第 i 帧
T_i	第 i 帧测试信号，为 HD Radio 接收端 FM 信号的第 i 帧
R_{all}	时间长度为 M 的参考信号，为未经过任何处理的原始音频整体
T_{all}	时间长度为 M 的参考信号，为 HD Radio 接收端 FM 信号整体
$Band_i$	算法结束后，第 i 帧模拟信号所分配的数字频谱的位置(kHz)
NMR_{all}	HD Radio 系统 MP1 模式，长度为 M 的模拟信号整体 NMR 值
ODG_{all}	HD Radio 系统 MP1 模式，长度为 M 的模拟信号整体 ODG 值
$NMR_{i,j}$	数字信号频谱位置 j 时，第 i 帧模拟信号的 NMR 值
ODG_{new}	所有帧频谱位置分配后，新合成模拟信号的整体 ODG 值
$MoveNum$	频谱整体外移法中，频谱整体外移的量(单位 kHz)
Num	NMR 搬移法中，NMR_{ref} 相对于 NMR_{all} 增加的量(单位 dB)

4.1 NMR 搬移法

NMR 搬移法可以归结为：调整 Num 值（单位 dB），寻找合适的 NMR_{ref} 值，其中 $NMR_{ref}=NMR_{all}-Num$，并以此 NMR_{ref} 值作为 NMR 参考值调整每帧数据的数字频谱位置，调整后使得所有帧数据整体的 ODG 等级合格，即满足 $|ODG_{new}-ODG_{all}|\leqslant 0.02$。算法核心是寻找合适的 Num 值，此所谓“NMR 搬移”。

4.1.1 算法步骤

NMR 搬移法的具体算法显示于图 4-1 和图 4-2 中，该算法包括四大步骤：

第一步，确定 NMR_{all} 和 ODG_{all} 的值，各类节目的 NMR_{all} 和 ODG_{all} 值如表 3-5 和表 3-6所示，即 NMR_{all} 和 ODG_{all} 都是原 HD Radio 系统 MP2 模式时模拟音频整体的值；置 Num 的初始变量 $Num=0$。

第二步：确定 NMR_{ref} 的值，其中 $NMR_{ref}=NMR_{all}-Num$；根据参考值 NMR_{ref} 计算第 i 帧模拟信号所对应的数字频谱的位置 $\mathrm{B}$and$_i$，直到计算完所有 240 帧信号的 $Band$ 值，其计算方法如图 4-1 所示；具体地，第二步的循环算法可以用以下两个小步骤完成：

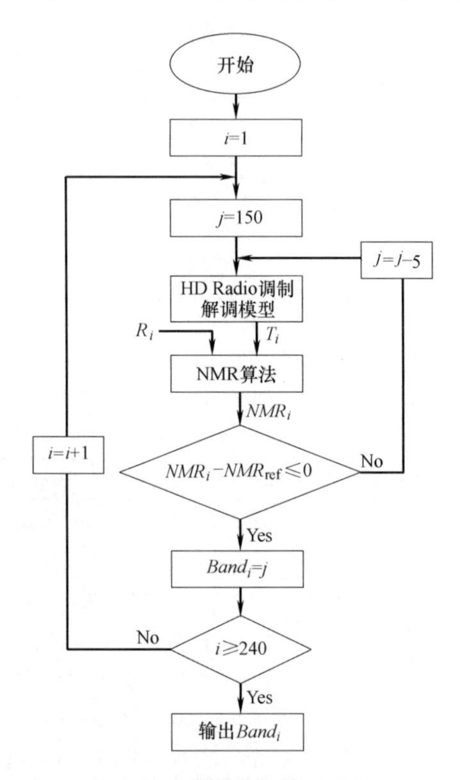

图 4-1　NMR 搬移法算法图

① 搜寻第 1 帧信号满足要求条件 $NMR_{1,j}-NMR_{ref}\leqslant 0$ 时所对应的最小 p 值，搜寻方法如下：

$$
\begin{array}{c}
\text{for } j=150:60 \\
\text{if } NMR_{1,j}-NMR_{ref}>0 \\
j=j-5; \\
\text{else} \\
Band_1=j; \\
\text{end} \\
\text{end}
\end{array}
\tag{4-1}
$$

② 按照同样的方法，搜寻第 2，3，…，*nFrame* 帧所对应的 $Band_i$，i=2，3，…，*nFrame*。

第三步：判断动态调整后整段音频的质量是否合格，若合格，则输出对应的 Band 值即为“NMR 搬移法”的输出，其中 $Band=\{Band_1, Band_2, \cdots, Band_{240}\}$，计算方法如图 4-2 所示；具体地，第三步的质量检测算法可以用以下两个小步骤完成：

① 根据 $Band_i$，i=1，2，…，*nFrame* 所确定每帧数字信号的频谱位置，重新构造 10.24s 的数模耦合信号，送入图 2-13 所示 HD Radio 调制解调模型，得到解调后的模拟 FM 信号作为测试信号 T_{all}；并与参考信号 R_{all} 一起送入如图 2-16 所示模型，计算此时模拟信号的 ODG 等级 ODG_{new}；

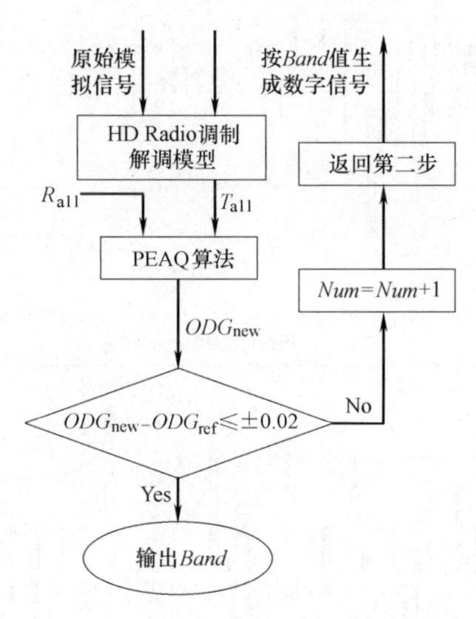

图 4-2 NMR 搬移法质量检验

② 判断按照 $Band_i$，i=1，2，…，*nFrame* 动态调整的音频质量等级是否合格，判别方法如式 4-2 所示：

$$\begin{gathered}\text{while } ODG_{new}-ODG_{all}<\pm 0.02\\ Num=Num+1;\\ \text{返回第二步;}\\ \text{end}\\ \text{输出“音频合格”}\end{gathered} \tag{4-2}$$

其中 $Num=Num+1$ 是针对第二步中的 $NMR_{ref}=NMR_{all}+Num$ 所做的操作。则循环结束后 $Band_i$，i=1，2，…，*nFrame* 的值即是动态调整频谱位置最终搜寻到的结果。

第四步，计算带宽增益如式 4-3 所示：

$$SaveBand=120-\text{mean}(Band) \tag{4-3}$$

其中 mean（*Band*）是对 *nFrame* 个最后确定的 $Band_i$，i=1，2，…，*nFrame* 求平均得到。

4.1.2 测试结果与分析

图 4-3（*a*）、（*b*）、（*c*）、（*d*）分别显示流行乐、新闻、戏曲、摇滚四类节目使用

NMR 搬移法搜寻时 $Band_i$，$i=1, 2, \cdots, nFrame$ 值的测试结果，其中横轴为帧计数 i，纵轴为频谱整体外移法搜寻出的 $Band_i$ 值。由于古典乐和评书类节目在 NMR 搬移法中未能获得带宽增益，其频谱位置仍采用固定的方式，因而未在图 4-3 中显示。

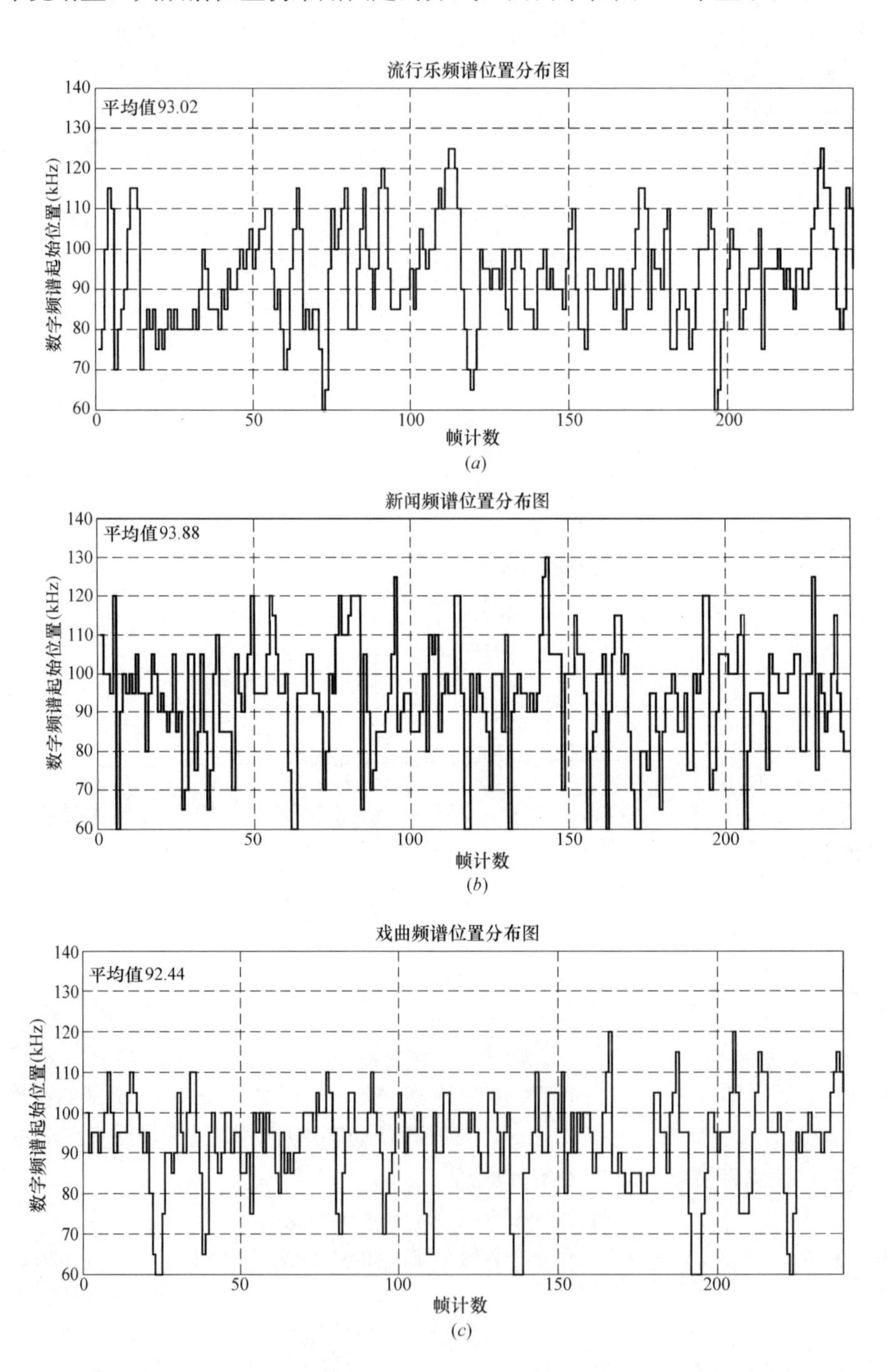

图 4-3　各类节目 NMR 搬移法搜寻结果

(a) 流行乐；(b) 新闻；(c) 戏曲

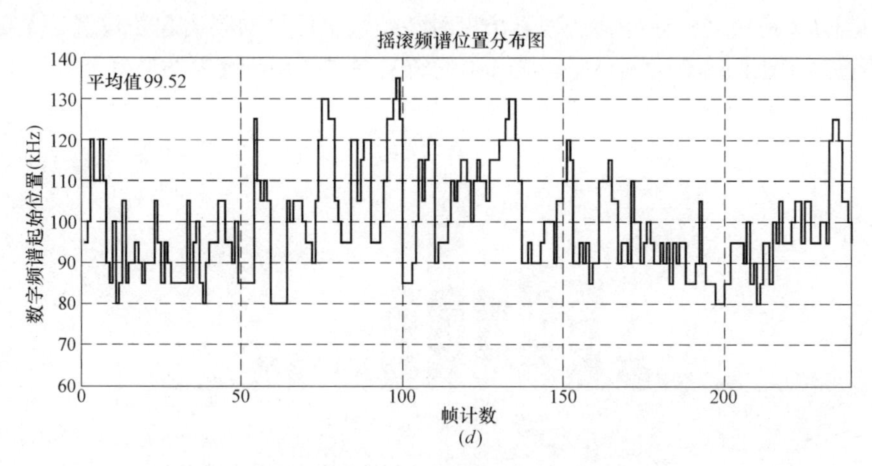

(d)

图 4-3 各类节目 NMR 搬移法搜寻结果（续）

（d）摇滚

从图 4-3 可以看出，流行乐、新闻、古典乐节目的频谱主要集中在 80kHz～100kHz 之间，而流行乐和新闻节目的频谱仍有一部分分布在 100kHz～120kHz 之间，戏曲类节目较少频谱分布在 100kHz～120kHz 之间；而摇滚类节目频谱分布在 80kHz～100kHz 之间和 100kHz～120kHz 之间的帧数差不多一样多。对于各类节目频谱位置的分布集中情况在稍后有详细的分析。

表 4-2 显示 NMR 搬移法搜寻数字信号动态频谱位置时各类节目所节省的带宽及音质情况。

NMR 搬移法测试结果 **表 4-2**

NMR 搬移法		流行乐	新闻	戏曲	古典	评书	摇滚
动态	*SaveBand*	26.98	26.12	27.56	0	0	20.48
	ODG_{new}	−1.96781	−2.34418	−1.40081	−3.44136	−3.81176	−1.45404
固定	NMR_{all}	3.58591	4.7132	1.76523	16.5855	18.4053	−2.38953
	$PEAQ_{all}$	−2.23604	−2.52091	−1.81668	−3.44136	−3.81176	−1.46095

从表 4-2 可以看出，在满足 3.2 节所建立的数模同播系统的评价体系下，NMR 搬移法测试时，流行乐、新闻、戏曲和摇滚这四类节目的带宽增益都几乎达到了 20kHz 以上，古典乐和评书类节目不能通过数字频谱动态接入而带来带宽增益；戏曲类节目获得的带宽增益最多，达到 27.56kHz，约占 HD Radio MP2 模式数字信号带宽的 27.56/80＝34.45％。各类节目带宽增益的排序大致能够体现各类节目对于噪声掩蔽特性的强弱。

为了更好地对比分析各类节目动态频谱的分布情况，图 4-4（a）、(b)、(c)、(d）分别显示流行乐、新闻、戏曲、摇滚四类节目使用 NMR 搬移法检测时数字频谱的分布百分比。其中横轴为数字信号的频谱起始位置 j，单位为 kHz；纵轴为 j 的函数，单位为百分比，记为 $\eta(j)$，$j=60, 65, \cdots, 150$，计算方法如下：

$$
\begin{aligned}
&\text{for } k=1:19\\
&\quad j=60+5\times(k-1);\\
&\quad \eta(j)=\text{length}(|Band-j|<2.5)/240\times100\%;\\
&\text{end}
\end{aligned}
\tag{4-4}
$$

其中 *Band* 是频谱整体外移法搜索结束时每帧数字信号的频谱起始位置，共 240 个数据，其值已显示于图 4-3 中。说明：式 4-4 的定义同样适用于 4.2.2 节和 4.3.2 节。

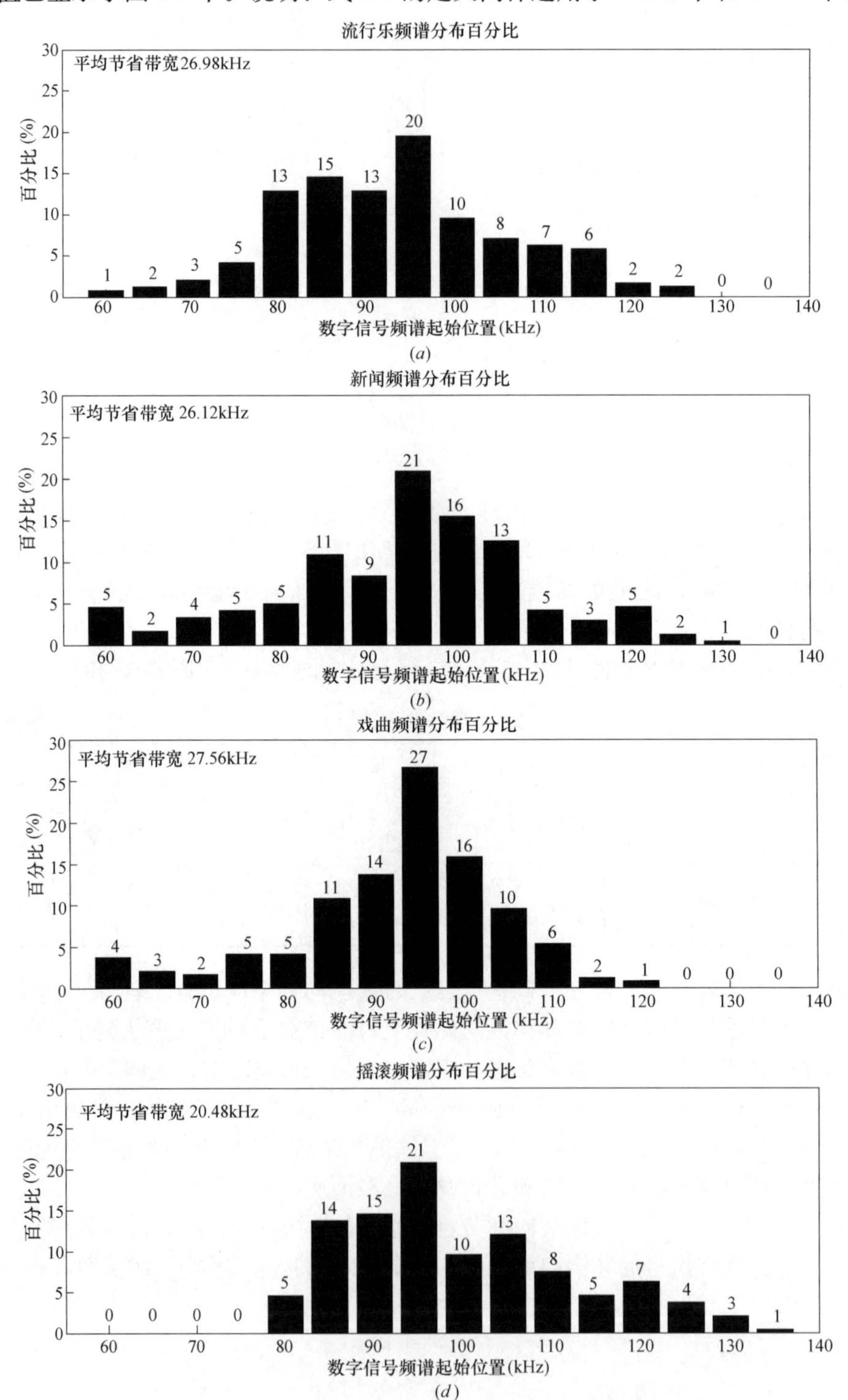

图 4-4　各类节目 NMR 搬移法数字频谱分布

(*a*) 流行乐；(*b*) 新闻；(*c*) 戏曲；(*d*) 摇滚

从图 4-4 可以看出，流行乐、新闻和摇滚类节目，其数字信号的频谱分布相对比较分散，且这三类节目都有超过 HD Radio MP2 模式中数字信号的频谱起始位置 120kHz 的帧；而戏曲类节目的频谱分布相对比较集中，集中在 95kHz 附近，且所有帧的动态频谱位置都在 120kHz 以内，包括 120kHz。结合表 4-2 可以看出，这四类节目的带宽增益都在 20kHz 以上，这与图 4-4 中的频谱分布特性相一致。

4.2 频谱整体外移法

频谱整体外移法可以归结为：每帧数据按照 NMR_{all} 值调整数字频谱位置，以保证每帧模拟信号的音质最接近 NMR_{all} 值；而后使各帧数字信号的频谱位置整体外移 $MoveNum$（单位 kHz），使整段模拟音频的 ODG 等级 ODG_{new} 合格。算法核心是寻找合适的 $MoveNum$ 值，此所谓“频谱整体外移”。

频谱整体外移法与 NMR 搬移法两种方法最终的衡量标准都是 ODG 等级合格，不同之处在于达到等级合格的方法不同。NMR 搬移法的核心在于循环找到一个合适的 Num 值，而频谱整体外移法的核心在于循环找到频谱整体外移的量 $MoveNum$。在具体的方法步骤当中，这种差别体现在第三步中当不满足 $ODG_{new}-ODG_{all}\geqslant\pm0.02$ 时所调整的量不同，NMR 搬移法调整的判决条件 if $NMR_{1,j}-NMR_{all}>Num$ 中 Num 的值时，需要返回到第二步中重新计算 $Band_i$，频谱整体外移法调整的是 $MoveNum$ 的值，这仅在第三步中就可完成。

4.2.1 算法步骤

图 4-5 和图 4-6 显示频谱整体外移法的具体算法，该算法包括四大步骤：

第一步，确定 NMR_{all} 和 ODG_{all} 的值，其中各类节目的值如表 3-5 和表 3-6 所示。

第二步：确定 NMR_{ref} 的值，在本算法中 $NMR_{ref}=NMR_{all}$；根据参考值 NMR_{all} 计算第 i 帧模拟信号所对应的数字频谱的位置 $Band_i$，直到计算完所有 240 帧信号的 $Band$ 值，其计算方法如图 4-5 所示；具体地，第二步的循环算法可以用以下两个小步骤完成：

① 搜寻第 1 帧信号满足要求条件 $NMR_{1,j}-NMR_{all}\leqslant 0$ 时所对应的最小 p 值，搜寻方法如下：

$$
\begin{array}{c}
\text{for } j=150:60 \\
\text{if } NMR_{1,j}-NMR_{all}>0 \\
j=j-5; \\
\text{else} \\
Band_1=j; \\
\text{end} \\
\text{end}
\end{array}
\tag{4-5}
$$

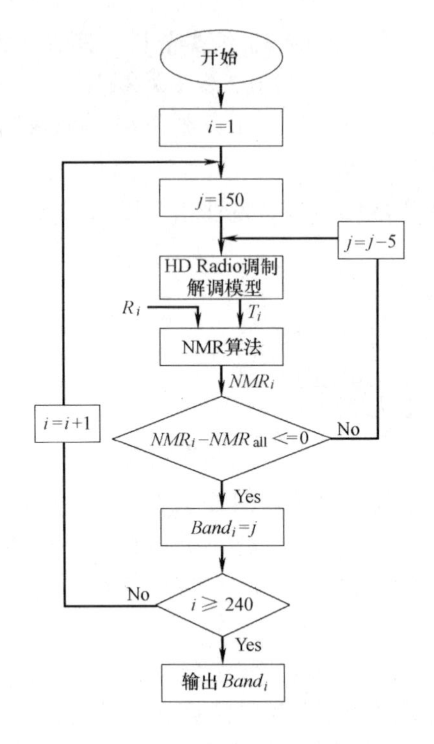

图 4-5　频谱整体外移法算法图

② 按照同样的方法，搜寻第 2，3，…，$nFrame$ 帧所对应的 $Band_i$，$i=2$，3，…，$nFrame$。

第三步：判断动态调整后整段音频的质量是否合格，若合格，则输出对应的 Band 值即为“频谱整体外移法”的输出，其中 $Band=\{Band_1,\ Band_2,\ \cdots,\ Band_{240}\}$，计算方法如图 4-6 所示；具体地，第三步的质量检测算法可以用以下两个小步骤完成：

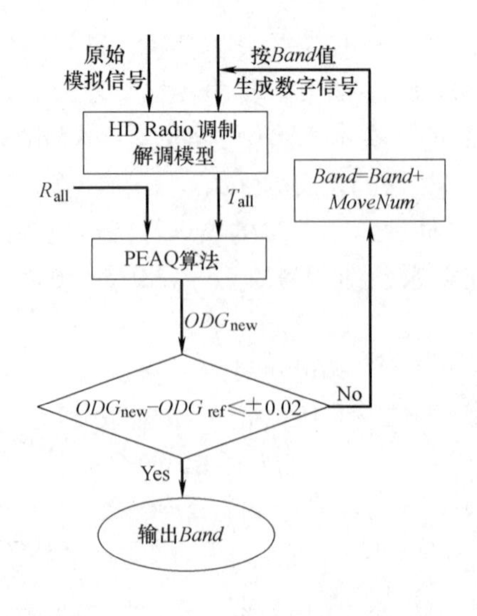

图 4-6　频谱整体外移法质量检验

① 根据 $Band_i$，$i=1, 2, \cdots, nFrame$ 所确定每帧数字信号的频谱位置，重新构造 10.24s 的数模合成信号，送入图 2-16 所示 HD Radio 调制解调模型，得到解调后的模拟 FM 信号作为测试信号 T_{all}；并与参考信号 R_{all} 一起送入如图 3-1 所示模型，计算此时模拟信号的 ODG 等级 ODG_{new}；

② 判断按照 $Band_i$，$i=1, 2, \cdots, nFrame$ 动态调整的音频质量等级是否合格，判别方法如式 4-6 所示：

$$
\begin{array}{c}
\text{while } ODG_{new}-ODG_{all}<\pm 0.02 \\
MoveNum=MoveNum+1; \\
Band=Band+MoveNum; \\
\text{重新计算 ODG 等级}; \\
\text{end} \\
\text{输出“音频合格”}
\end{array}
\tag{4-6}
$$

其中 $Band=Band+MoveNum$ 是针对所有帧的数字信号，其频谱位置都在原来基础上外移 $MoveNum$kHz。则循环结束后 $Band_i$，$i=1, 2, \cdots, nFrame$ 的值即是动态调整频谱位置最终搜寻到的结果。

第四步，计算带宽增益如式 4-7 所示：

$$SaveBand=120-\text{mean}(Band) \tag{4-7}$$

其中 mean（$Band$）是对 $nFrame$ 个最后确定的 $Band_i$，$i=1, 2, \cdots, nFrame$ 求平均得到。

4.2.2　测试结果与分析

图 4-7（*a*）、（*b*）、（*c*）、（*d*）、（*e*）、（*f*）分别显示各类节目使用频谱整体外移法搜寻时 $Band_i$，$i=1, 2, \cdots, nFrame$ 值的测试结果，其中横轴为帧计数 i，纵轴为频谱整体外移法搜寻出的 $Band_i$ 值。

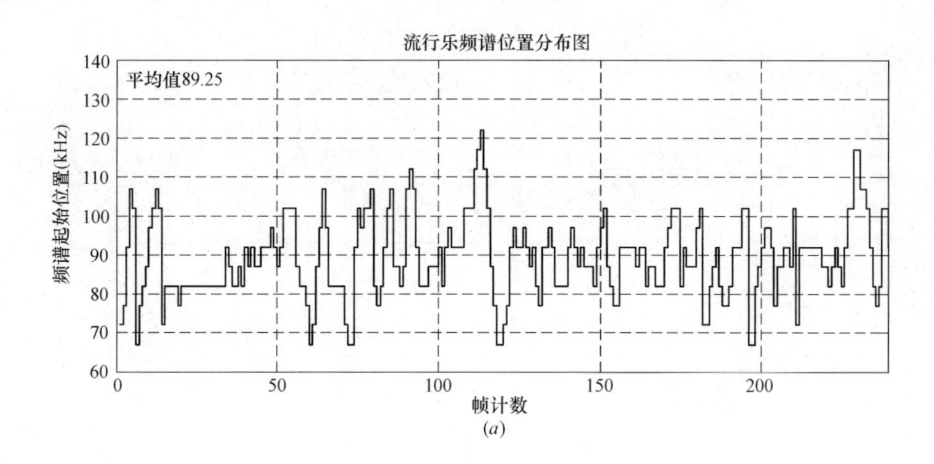

图 4-7　各类节目频谱整体外移法搜寻结果

（*a*）流行乐

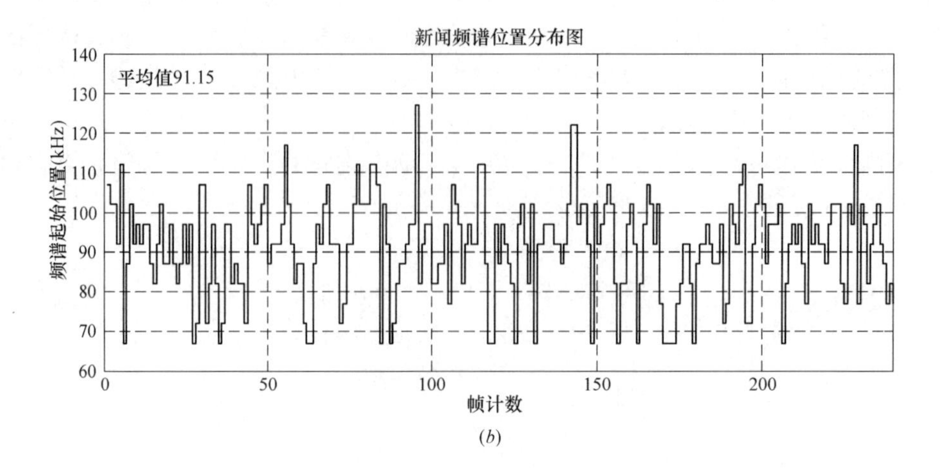

(*b*)

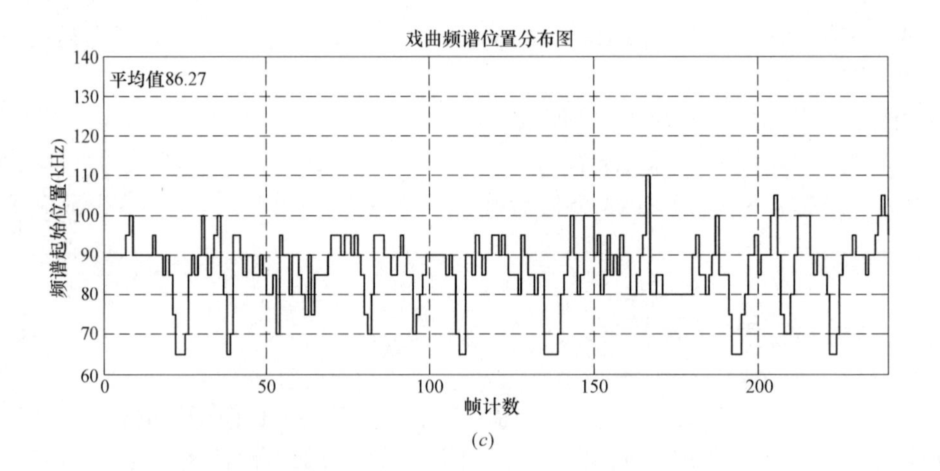

(*c*)

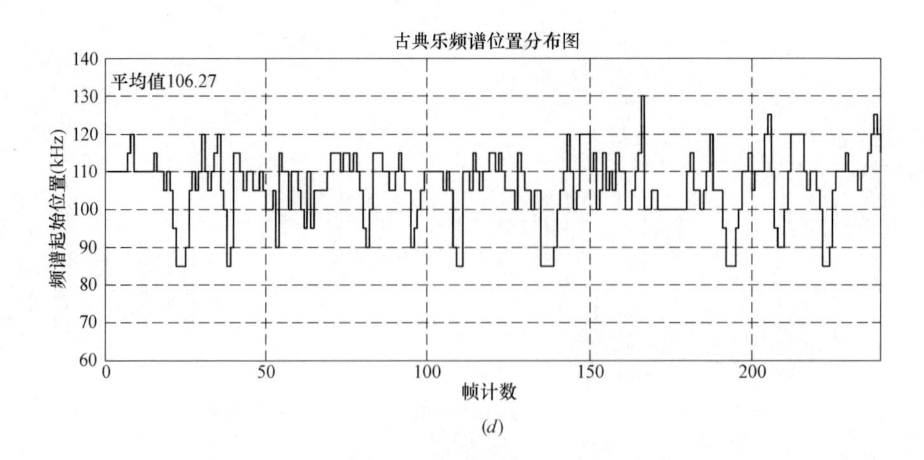

(*d*)

图 4-7　各类节目频谱整体外移法搜寻结果（续）

（*b*）新闻；（*c*）戏曲；（*d*）古典乐

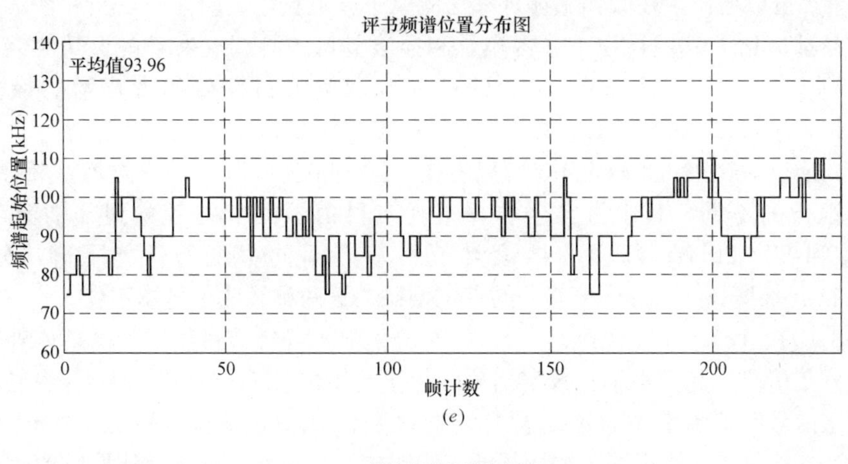

(e)

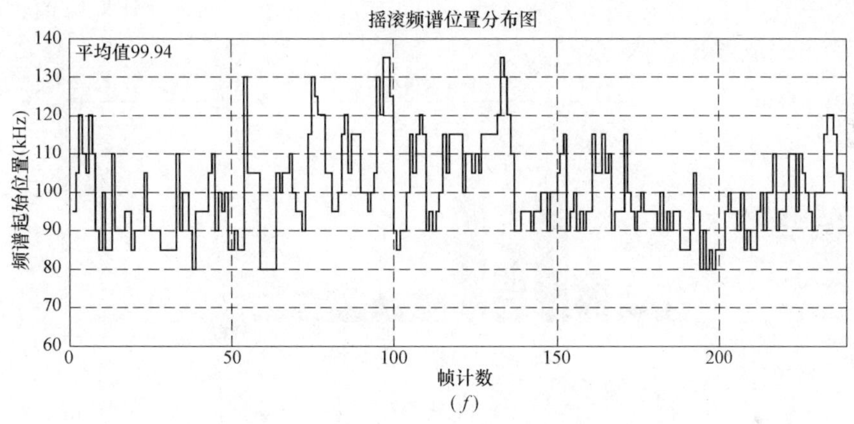

(f)

图 4-7 各类节目频谱整体外移法搜寻结果（续）
(e) 评书；(f) 摇滚

从图 4-7 可以看出，流行乐、新闻、戏曲和评书类节目的频谱主要集中在 80kHz～100kHz 之间；古典乐类节目的频谱基本上都分布在 90kHz～120kHz 之间；而摇滚类节目频谱分布在 80kHz～120kHz 之间。

表 4-3 列出频谱整体外移法搜寻数字信号动态频谱位置时各类节目所节省的带宽及音质情况。

频谱整体外移法测试结果 **表 4-3**

频谱整体外移法		流行乐	新闻	戏曲	古典	评书	摇滚
动态	*SaveBand*	26.85	20.10	28.83	10.29	27.42	16.33
	MoveNum	6	10	5	27	15	10
	ODG_{new}	−2.21168	−2.18529	−1.82362	−3.45777	−3.80628	−1.34297
固定	NMR_{all}	3.58591	4.7132	1.76523	16.5855	18.4053	−2.38953
	ODG_{all}	−2.23604	−2.52091	−1.81668	−3.44136	−3.81176	−1.46095

从表 4-3 可以看出，在频谱整体外移法测试下，流行乐、新闻、戏曲和评书四类节目的带宽增益都达到了 20kHz 以上，古典乐和摇滚节目的测试效果略差于其他类节目，带宽增益分别只有 10.29kHz 和 16.33kHz；而戏曲类节目获得的带宽增益最多，达到 28.83kHz，约占 HD Radio MP2 模式数字信号带宽的 28.83/80=36.04%。

同时，通过对比表 4-2 和表 4-3 可以看出，频谱整体外移法的带宽增益相比较 NMR 搬移法有很大的不同，其中古典乐和评书类节目由不能节省带宽到分别能节省带宽 10.29kHz 和 27.42kHz；新闻和摇滚类节目却有不同程度的性能下降，分别下降 6.02kHz 和 4.15kHz；流行乐类节目的带宽增益在这两种算法中基本不变。

图 4-8 (*a*)、(*b*)、(*c*)、(*d*)、(*e*)、(*f*) 分别显示各类节目使用频谱整体外移法检测时的频谱分布情况。其中横轴为数字信号的频谱起始位置 j，单位为 kHz；纵轴为 j 的函数，是数字信号在该频带位置下的帧数与总帧数的比值，单位为百分比，记为 $\eta(j)$，$j=60, 65, \cdots, 150$。柱形图上方标的数字为对应频带位置下的百分比取整值，取整方法为向正无穷方向取整。

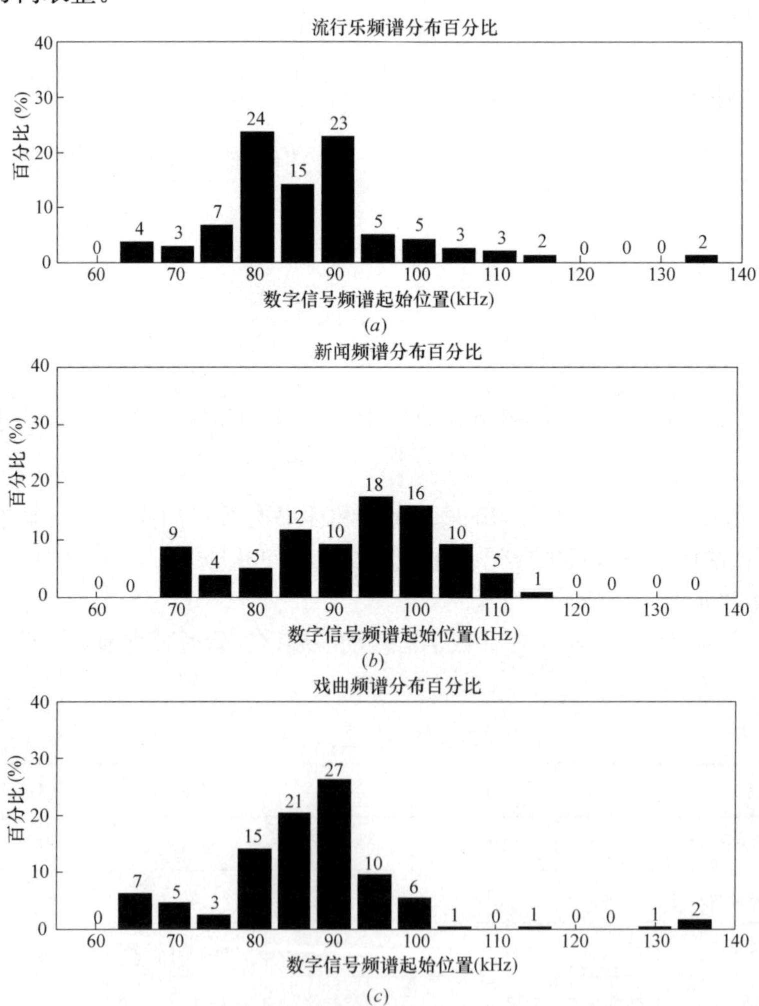

图 4-8 各类节目频谱整体外移法数字频谱分布

(*a*) 流行乐；(*b*) 新闻；(*c*) 戏曲

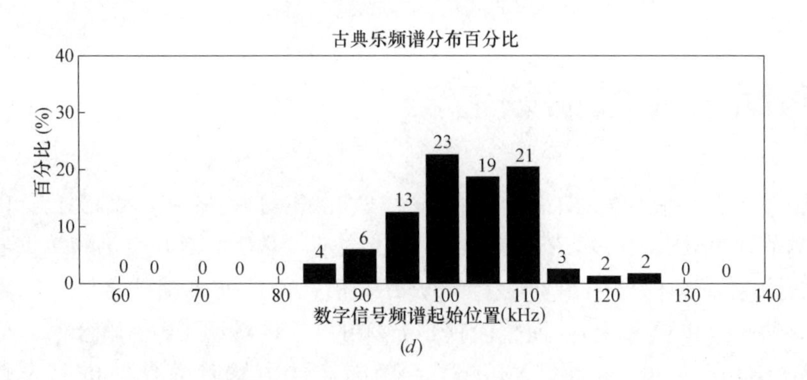

(*d*)

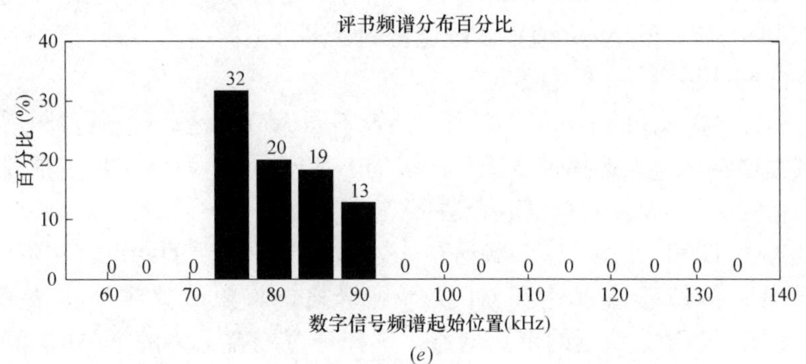

(*e*)

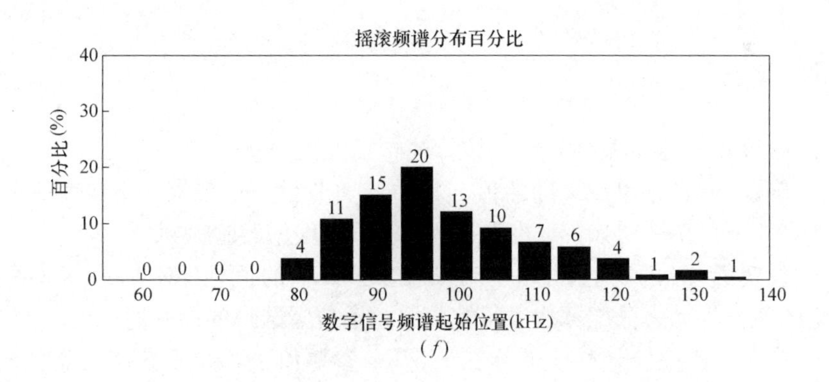

(*f*)

图 4-8 各类节目频谱整体外移法数字频谱分布（续）

（*d*）古典乐；（*e*）评书；（*f*）摇滚

从图 4-8 中可以看出，流行乐、新闻、戏曲和评书类节目的频谱分布比较靠近横轴的左侧，大部分都集中在以 80kHz～100kHz 为中心的频谱附近；而古典乐类节目的频谱分布比较靠近横轴的右侧，大部分都集中在 100kHz～120kHz 附近；摇滚类节目在80kHz～120kHz 之间的分布相对均匀；因而前四类节目相对于后两类节目能够节省比较多的带宽。特别是古典乐类节目，其动态频谱位置的分布最靠右集中，所以古典类节目所带来的带宽增益最少。但这已经相比 NMR 搬移法有了较大的提升。

4.3 NMR和频谱联合法

NMR和频谱联合法（NMR and Spectrum Combined Method，NSCM）可以归结为：设定 Num 的值，$NMR_{ref}=NMR_{all}+Num$，然后按照 NMR_{ref} 值调整每帧数据的数字频谱位置，以保证每帧模拟信号的音质最接近 NMR_{ref} 值；而后使各帧数字信号的频谱位置整体外移 $MoveNum$（单位 kHz），使整段模拟音频的 ODG 等级 ODG_{new} 合格，记录此时的带宽增益 $SaveBand_k$；使 $Num=Num+1$，用同样的方法计算此时的带宽增益 $SaveBand_{k+1}$，直到取完所有的 Num 值；比较能得到最多带宽增益的 Num 值所对应的动态频谱位置即为算法的结果。

算法核心是在 NMR_{ref} 的 Num 范围内，计算不同 NMR_{ref} 值下，通过频谱外移法能得到的不同的带宽增益，从而选择带宽增益最多的 NMR_{ref} 值作为每帧数字频谱位置所依据的 NMR 值，此所谓“NMR和频谱联合法”。

NSCM法综合了 NMR 搬移法和频谱整体外移法两种方法的特点，在特定的 NMR_{ref} 值下，使用频谱整体外移法以达到 ODG 等级合格；与频谱整体外移法所不同的是，NSCM法计算多个 NMR_{ref} 值下的带宽增益，选择带宽增益最多的 NMR_{ref} 值所对应的动态频谱位置即为算法的结果。

4.3.1 算法步骤

图 4-9 显示 NSCM 法的具体算法，该算法包括五大步骤：

第一步，确定 NMR_{all} 和 ODG_{all} 的值，其中各类节目的值如表 3-5 和表 3-6 所示；并确定 Num 的范围 $0\leqslant Num\leqslant 10$，$k$ 的范围是在实验中根据经验得到；

第二步：设定 Num 的初值 $Num=0$，确定 NMR_{ref} 的值，$NMR_{ref}=NMR_{all}+Num$，以此 NMR_{ref} 的值作为动态分配算法中每帧数字频谱位置选择的参照值；

第三步：按照频谱整体外移法计算在 NMR_{ref} 参照值下，数字频谱动态位置的结果，输出 $Band$ 值，并记录。其中 $Band$ 值为在参照值 NMR_{ref} 界限下 240 帧数字信号频谱的起始位置；

第四步：当 $Num\leqslant 10$ 时，使 $Num=Num+1$，并返回第二步；若 $Num\geqslant 10$ 时，则输出 10 个 Num 值所对应的 $Band$ 位置 $Band_0\sim Band_{10}$，计算第五步；

第五步：确定 NSCM 算法所得到的带宽增益，及每帧数字信号的频谱位置值。首先，计算每个 Num 值所对应的带宽增益如式 4-8 所示：

$$SaveBand_{Num}=120-\mathrm{mean}(Band_{Num}) \tag{4-8}$$

其中 mean（$Band_{Num}$）是对 Num 值所对应的 $Band_{Num}$ 值求平均得到。

而后选择 $SaveBand_{Num}$ 值中最大值作为本算法最终能节省的带宽，其所对应的 $Band_{Num}$ 值即为算法最后所得到的每帧数字信号的频谱位置。即

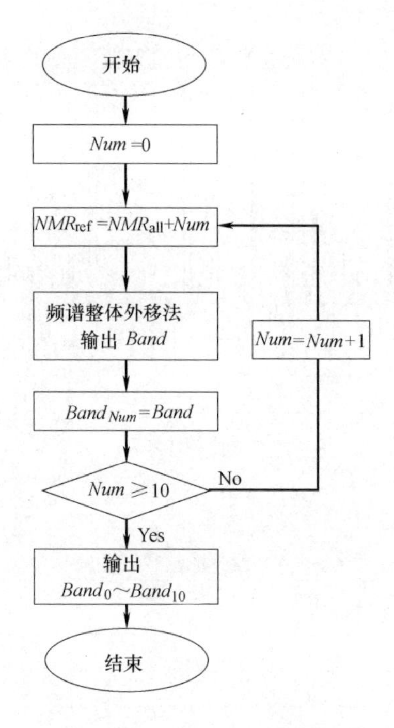

图 4-9 NSCM 法算法图

$$SaveBand = \max\{SaveBand_0, SaveBand_1, \cdots, SaveBand_{10}\} \tag{4-9}$$

4.3.2 测试结果与分析

图 4-10 (*a*)、(*b*)、(*c*)、(*d*)、(*e*)、(*f*) 分别显示各类节目使用 NSCM 法搜寻时 $Band_i$，$i=1$，2，⋯，$nFrame$ 值的测试结果，其中横轴为帧计数 i，纵轴为频谱整体外移法搜寻出的 $Band_i$ 值。

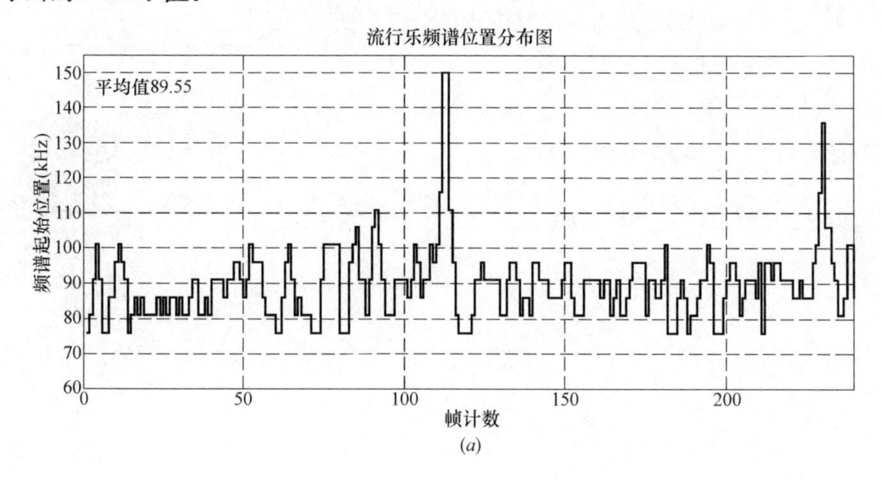

图 4-10 各类节目 NSCM 法搜寻结果

(*a*) 流行乐

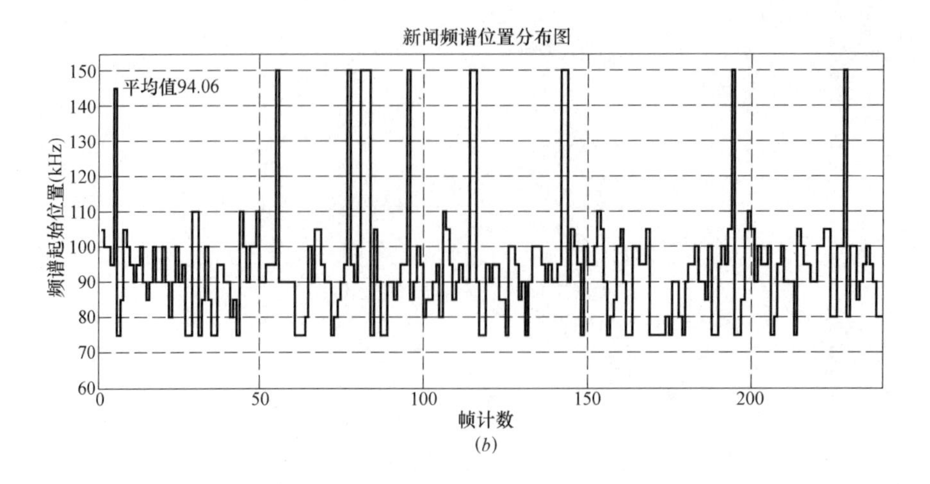

(b)

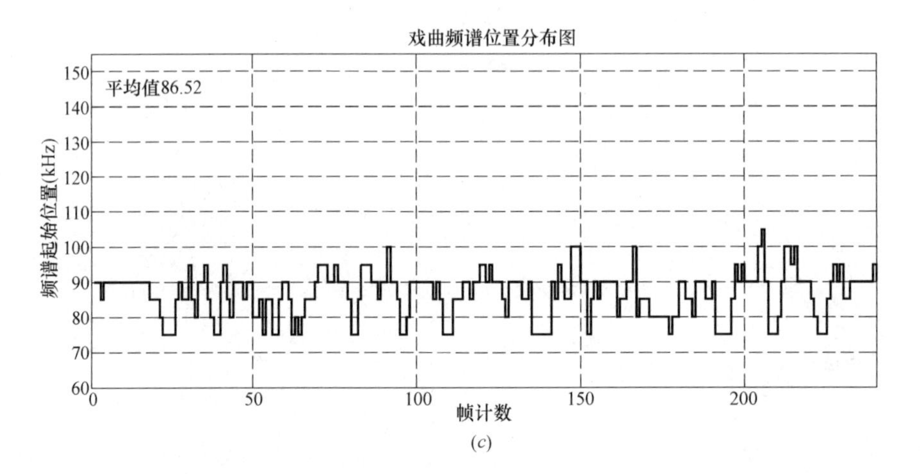

(c)

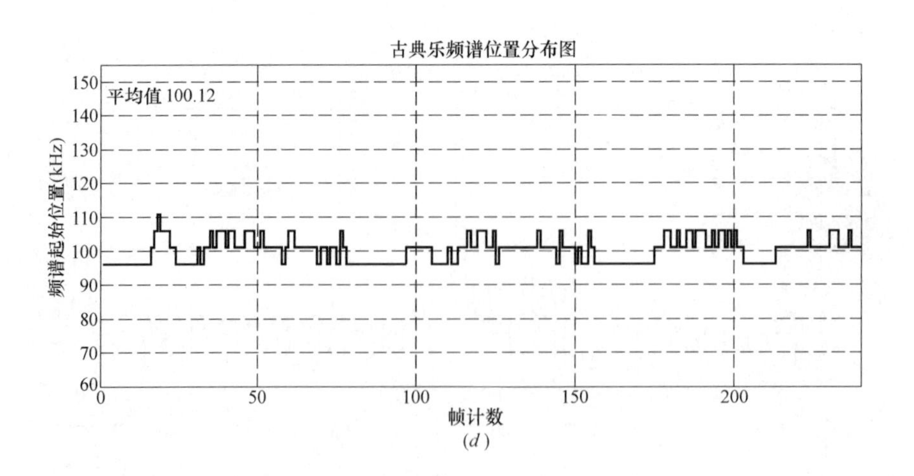

(d)

图 4-10　各类节目 NSCM 法搜寻结果（续）

(b) 新闻；(c) 戏曲；(d) 古典乐

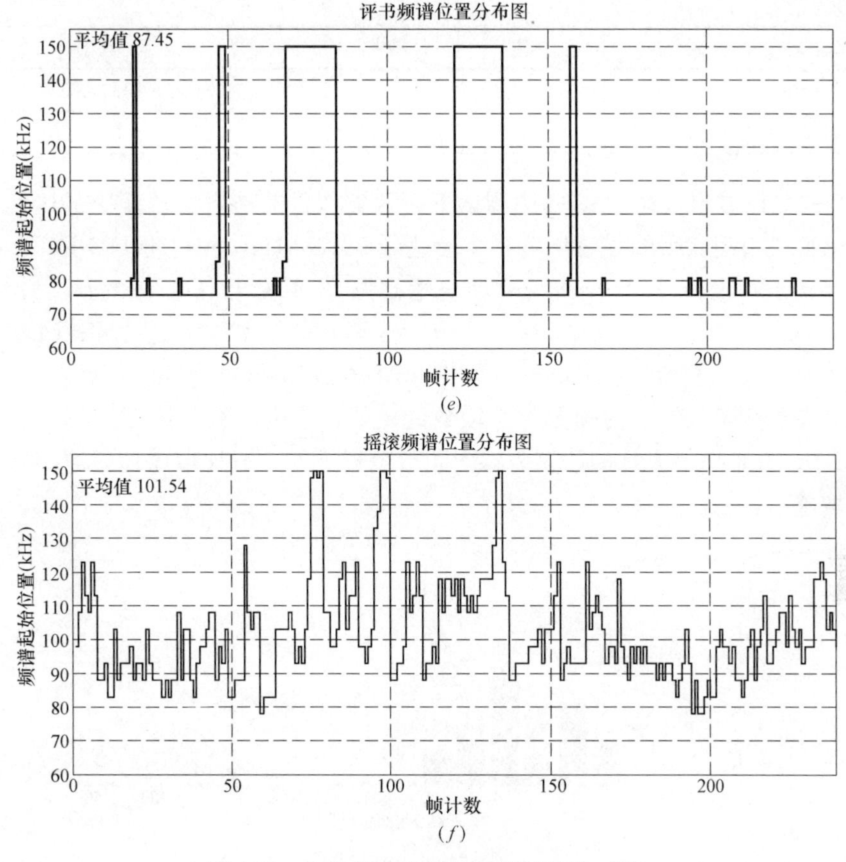

图 4-10 各类节目 NSCM 法搜寻结果（续）

(e) 评书；(f) 摇滚

从图 4-10 可以看出，流行乐、新闻、评书和摇滚四类节目频谱起始位置的分布动态性比较大，而戏曲和古典乐节目的频谱位置几乎都集中在 20kHz 之内，戏曲类大致分布在 80kHz～100kHz 之间，古典乐大致分布在 95kHz～110kHz 之间。但结合表 4-4 看出，戏曲类节目有最多的带宽增益，古典乐类节目的带宽增益在六类节目中排第五，因而不能按平常人们的认识，认为动态频谱位置越集中，带宽增益越少。这主要跟模拟信号的特性有关。同时从图 4-10 可以看出，新闻、评书类节目有较多的帧分布在 150kHz，也即是这些帧并不传送数字信号。

表 4-4 列出 NSCM 法搜寻数字信号动态频谱位置时各类节目的最终参数、所节省的带宽及音质情况。

NSCM 法测试结果 **表 4-4**

NSCM 法		流行乐	新闻	戏曲	古典	评书	摇滚
动态	*SaveBand*	30.45	25.94	33.48	19.88	32.55	18.46
	Num	5	4	6	8	8	4
	MoveNum	16	15	15	36	16	18
	ODG_{new}	−2.25335	−2.48133	−1.78981	−3.45867	−3.82723	−1.46876

续表

NSCM 法		流行乐	新闻	戏曲	古典	评书	摇滚
固定	NMR_{all}	3.58591	4.7132	1.76523	16.5855	18.4053	−1.46095
	ODG_{all}	−2.23604	−2.52091	−1.81668	−3.44136	−3.81176	−2.38953

从表 4-4 可以看出，在 NSCM 法测试下，六类节目的带宽增益几乎都达到了 20kHz 以上，而戏曲类节目获得的带宽增益最多，达到 33.48kHz，相对于 HD Radio 数字信号固定占用频谱 120kHz～150kHz 带来的带宽增益为 33.48/30=111.60%。

图 4-11（a）、（b）、（c）、（d）、（e）、（f）分别显示各类节目使用 NSCM 法检测时的频谱分布情况。其中横轴为数字信号的频谱起始位置 j，单位为 kHz；纵轴为 j 的函数，是数字信号在该频带位置下的帧数与总帧数的比值，单位为百分比，记为 $\eta(j)$，$j=60$，65，…，150。柱形图上方标的数字为对应频带位置下的百分比取整值，取整方法为向正无穷方向取整。

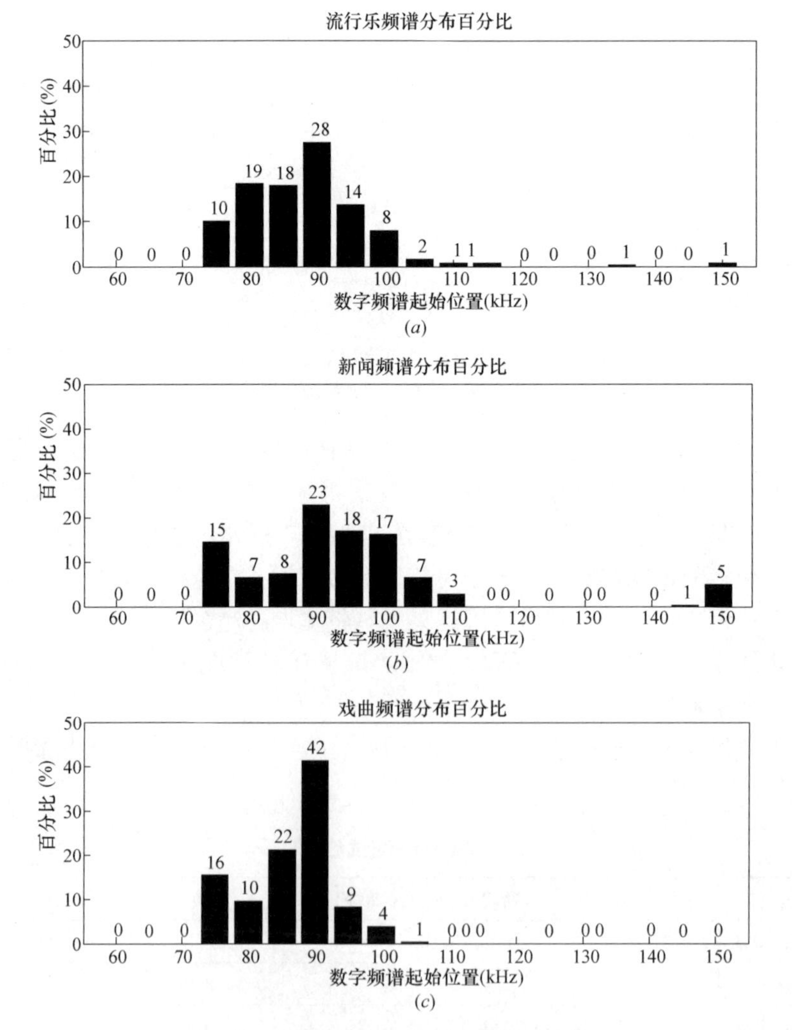

图 4-11　各类节目 NSCM 法数字频谱分布

（a）流行乐；（b）新闻；（c）戏曲

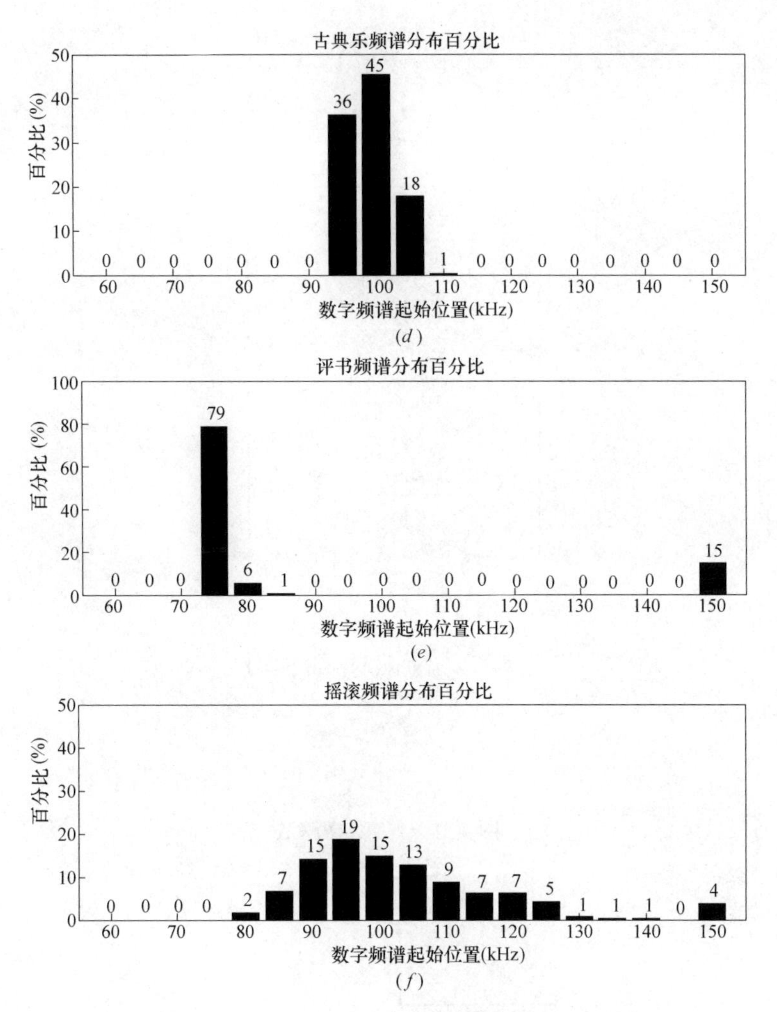

图 4-11 各类节目 NSCM 法数字频谱分布（续）

(*d*) 古典乐；(*e*) 评书；(*f*) 摇滚

从图 4-11 中可以看出，流行乐、新闻、戏曲三类节目，大多数频谱位置集中在 80kHz～100kHz；摇滚类节目频谱位置相对均匀地分布在 80kHz～120kHz 之间；古典乐和评书类节目比较特殊，频谱位置的分布特别集中，其中古典乐类节目频谱位置分布在 90kHz～105kHz 之间的帧数高达 99%，评书类节目频谱位置分布在 75kHz～80kHz 之间的帧数高达 84%。

4.4 算法比较及分析

下面以较简洁的流程图并排显示 NMR 搬移法、频谱整体外移法和 NSCM 法三种方法的区别，三种方法的简单流程图分别显示于图 4-12～图 4-14 中。

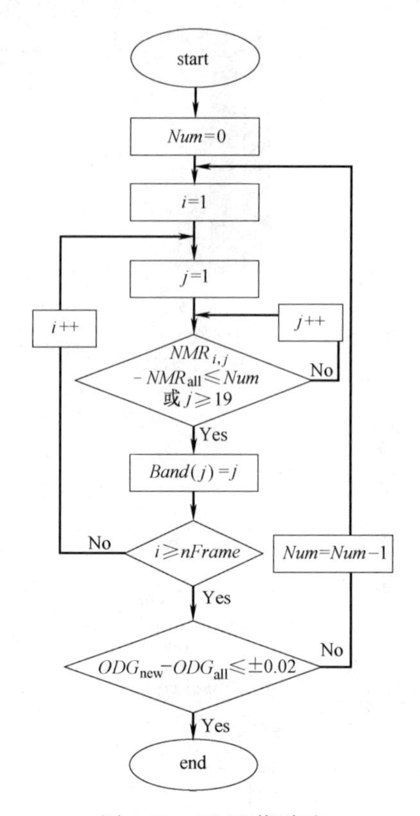

图 4-12　NMR 搬移法

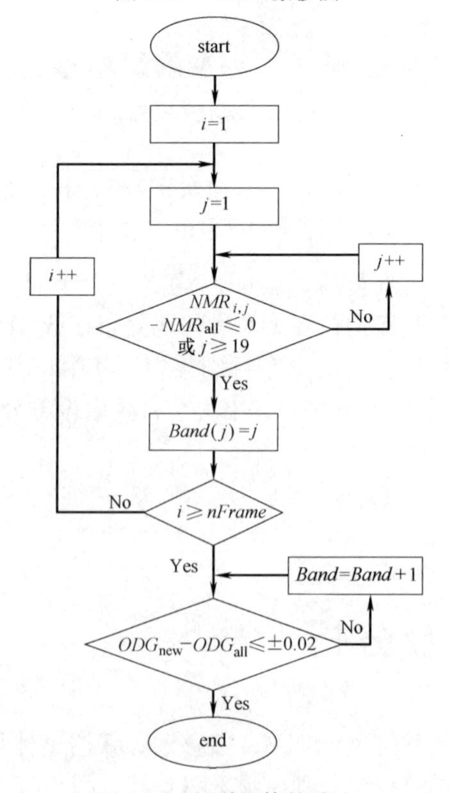

图 4-13　频谱整体外移法

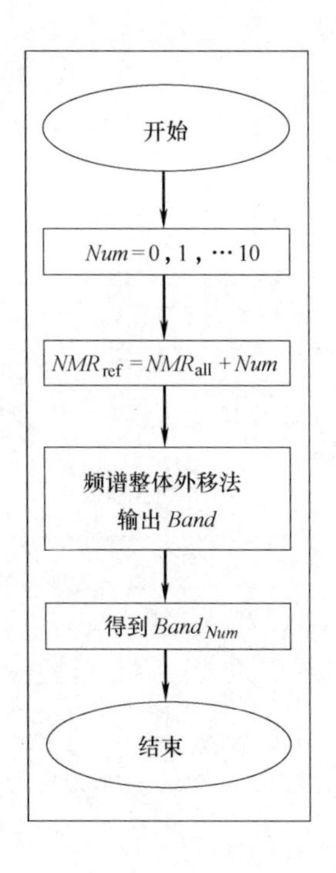

图 4-14 NSCM 法

从图 4-12～图 4-14 看出，NMM 搬移法相对于频谱整体外移法多引入了一个变量 *Num*，两种方法本质的不同在于判断条件 $ODG_{new}-ODG_{all}\leqslant\pm0.02$ 不满足时所做的操作和循环返回的位置不同，NMR 搬移法使 $Num=Num+1$，并返回到算法的最开始处重新搜寻每帧数字频谱的位置；而频谱整体外移法使 $Band=Band+1$，并只返回到重新计算判断条件 $ODG_{new}-ODG_{all}\leqslant\pm0.02$ 处。NSCM 法综合了 NMR 搬移法和频谱整体外移法的特点，算法中内含了频谱整体外移法，频谱整体外移法是 $Num=0$ 的 NSCM 法，因而 NSCM 法一定能获得不差于频谱整体外移法的增益。NSCM 法与频谱整体外移法的不同之处在于，NSCM 法计算多个 *Num* 值下频谱整体外移法的带宽增益，选择带宽增益最多的 *Num* 值所对应的动态频谱位置即为算法的结果。

为了更好地说明两种测试方法得到数字频谱位置的差别，引入“相对频谱位置”的概念。相对频带位置定义为两种测试方法所得到 $Band_i$ 的差值，正值表示后一种算法得到的频谱位置相对于前一种算法得到的频谱位置向偏离于载波方向外移，负值表示向靠近载波方向内移。

图 4-15～图 4-18 分别显示流行乐、新闻、戏曲和摇滚节目中三种算法的相对频谱位置分布情况。其中（*a*）图显示三种算法搜索频谱位置时，每帧信号的数字信号频谱起始位置，即显示 $i-Band_i$，$i=1, 2, \cdots, 240$ 之间的关系；（*b*）图显示 NSCM 法与 NMR 搬移法的相对频谱位置；（*c*）图显示 NSCM 法与频谱整体外移法的相对频谱位置。

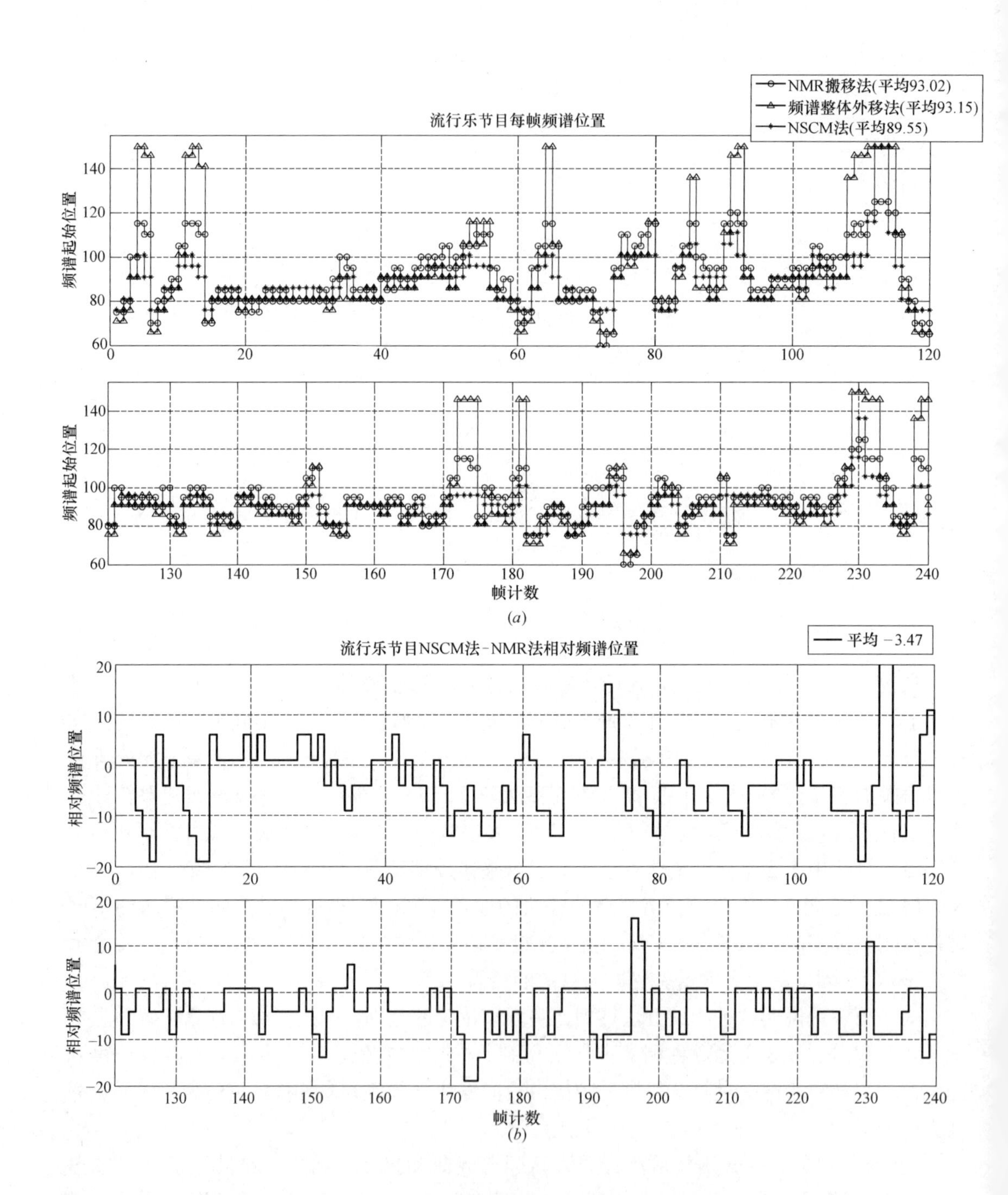

图 4-15 流行乐节目三种算法的相对频谱位置

(a) 三种算法数字信号频谱起始位置对比；(b) 相对频谱位置 1

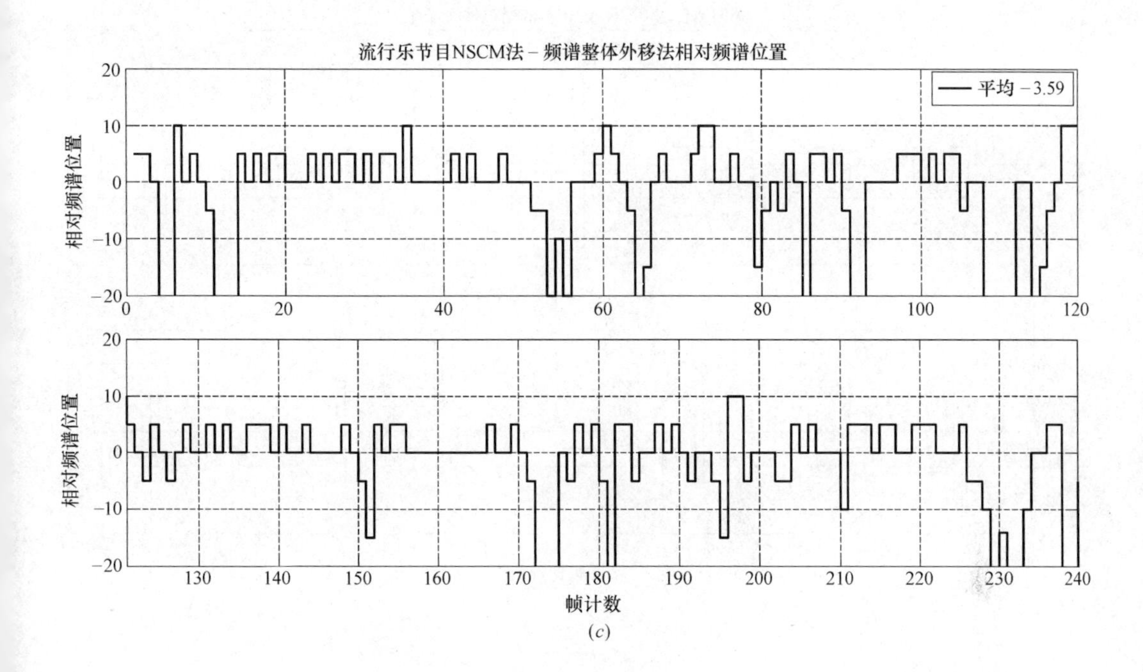

图 4-15 流行乐节目三种算法的相对频谱位置（续）
（c）相对频谱位置 2

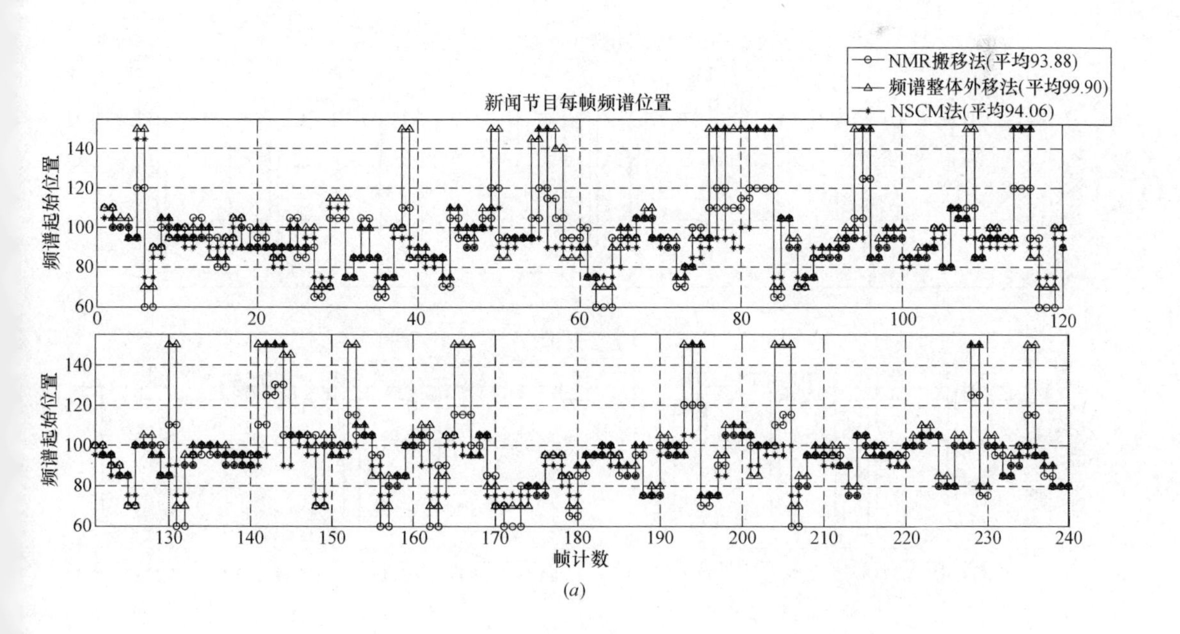

图 4-16 新闻节目三种算法的相对频谱位置
（a）三种算法数字信号频谱起始位置对比

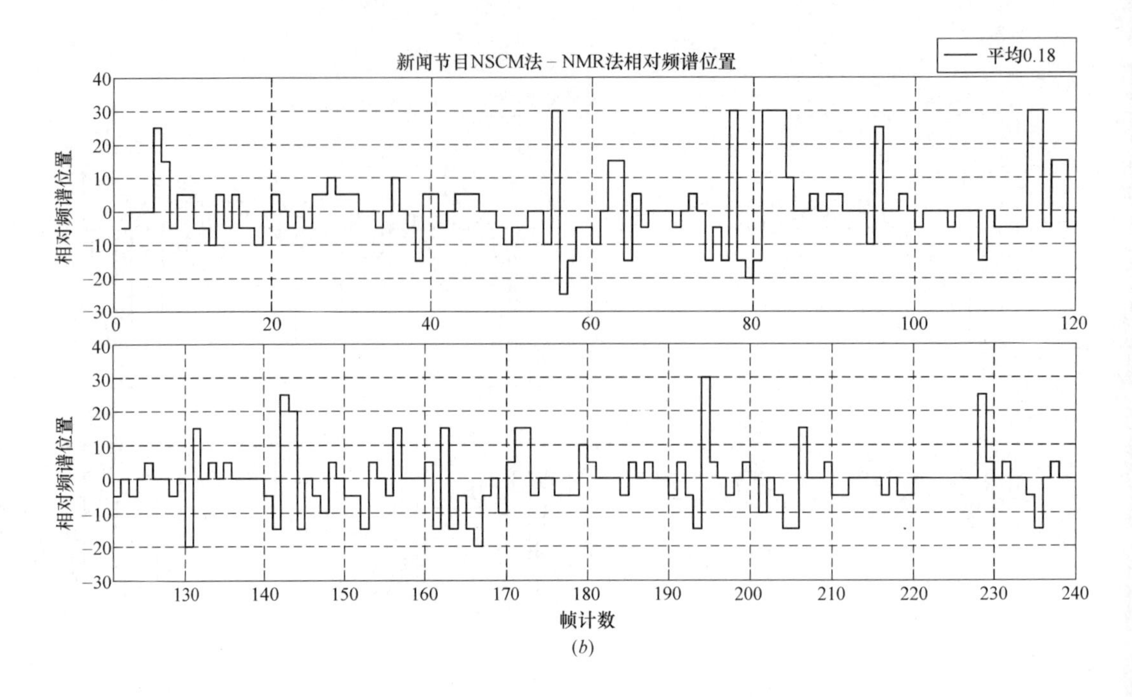

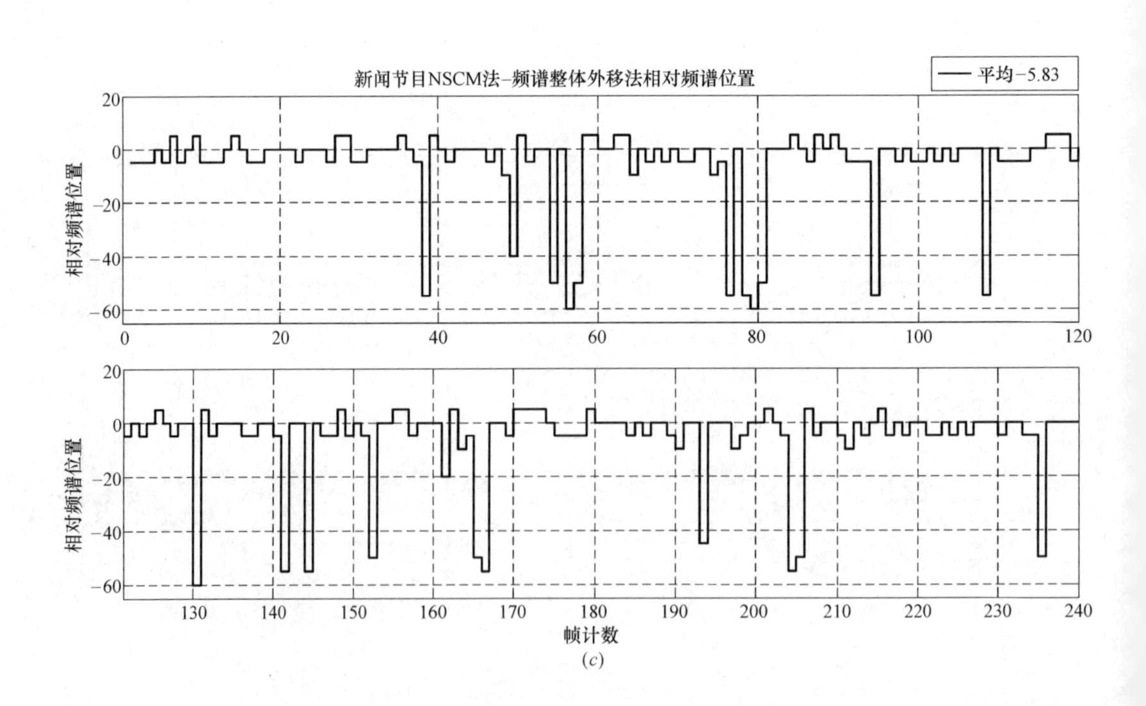

图 4-16　新闻节目三种算法的相对频谱位置（续）

(*b*) 相对频谱位置 1；(*c*) 相对频谱位置 2

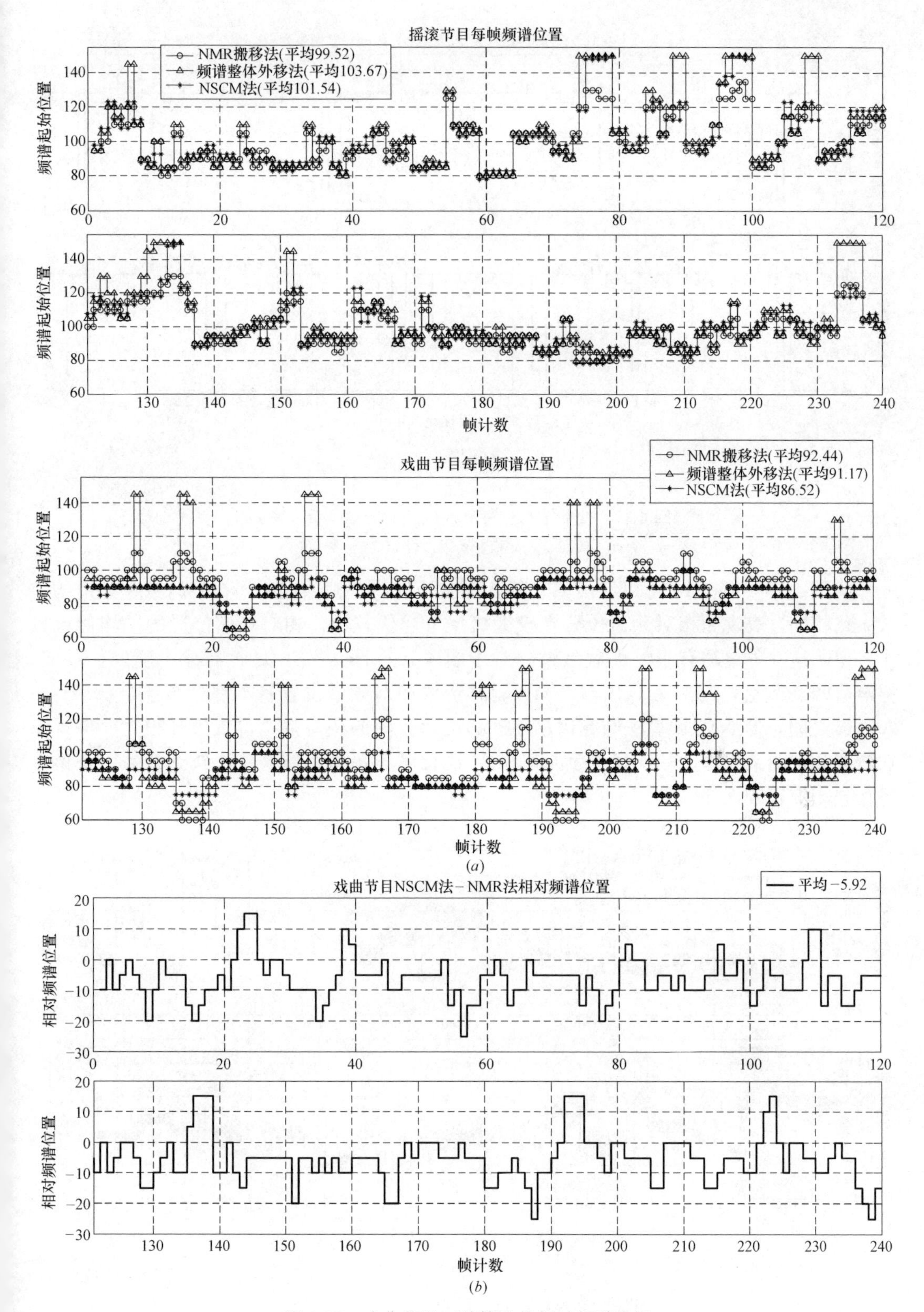

图 4-17　戏曲节目三种算法的相对频谱位置

(a) 三种算法数字信号频谱起始位置对比；(b) 相对频谱位置 1

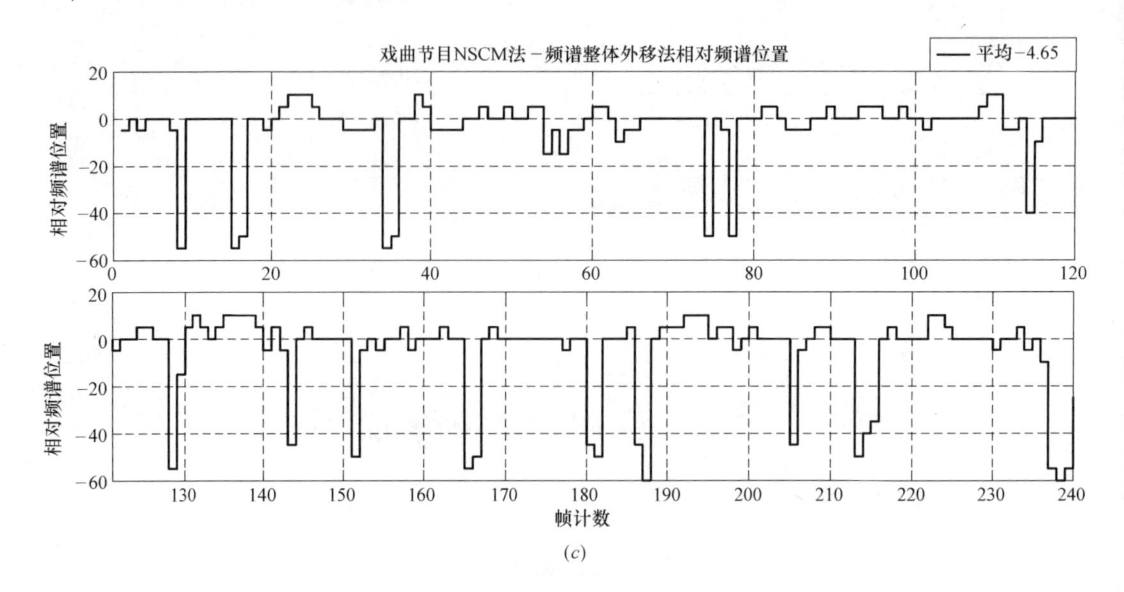

(*c*)

图 4-17　戏曲节目三种算法的相对频谱位置（续）

(*c*) 相对频谱位置 2

从图 4-15～图 4-18 可以看出，三种算法在处理同一帧数据时，找到的数字频谱的位置大致相同，表现为相对频谱位置在较大概率下起伏较小，相对频谱位置的平均值也较小，说明这三种算法有很好的收敛性。对于图 4-15～图 4-18 中的流行乐、新闻、戏曲、摇滚这四类节目，NSCM 算法与 NMR 搬移法的相对频谱位置基本都分布在－20kHz～20kHz 之间，但 NSCM 算法与频谱整体外移法部分帧的相对频谱位置值却很大，该现象在新闻和戏曲节目中比较明显，表明 NSCM 法相对于频谱整体外移法找到的数字频谱位置在分布上有较大的区别。

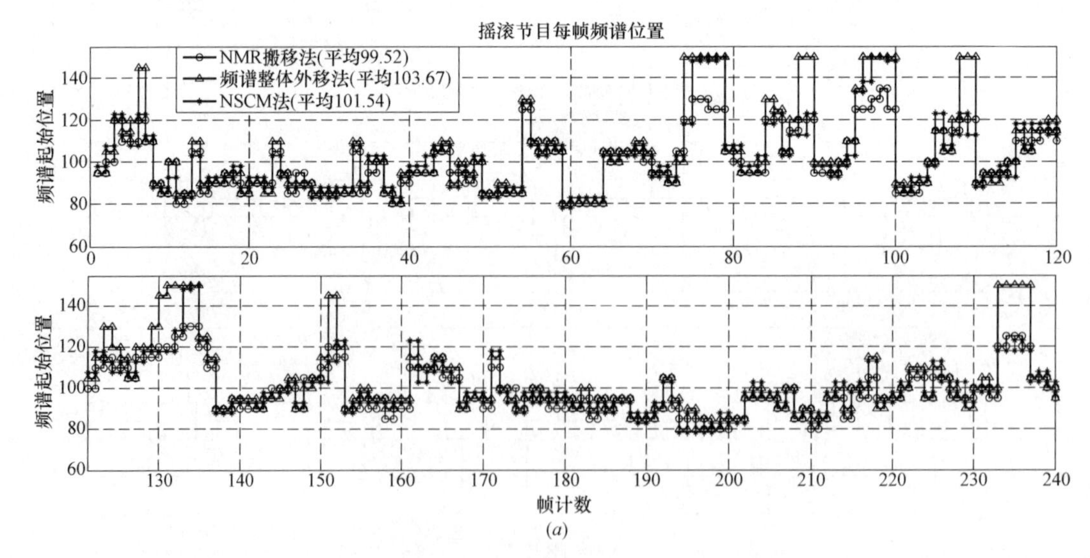

(*a*)

图 4-18　摇滚节目三种算法相对频谱位置

(*a*) 三种算法数字信号频谱起始位置对比

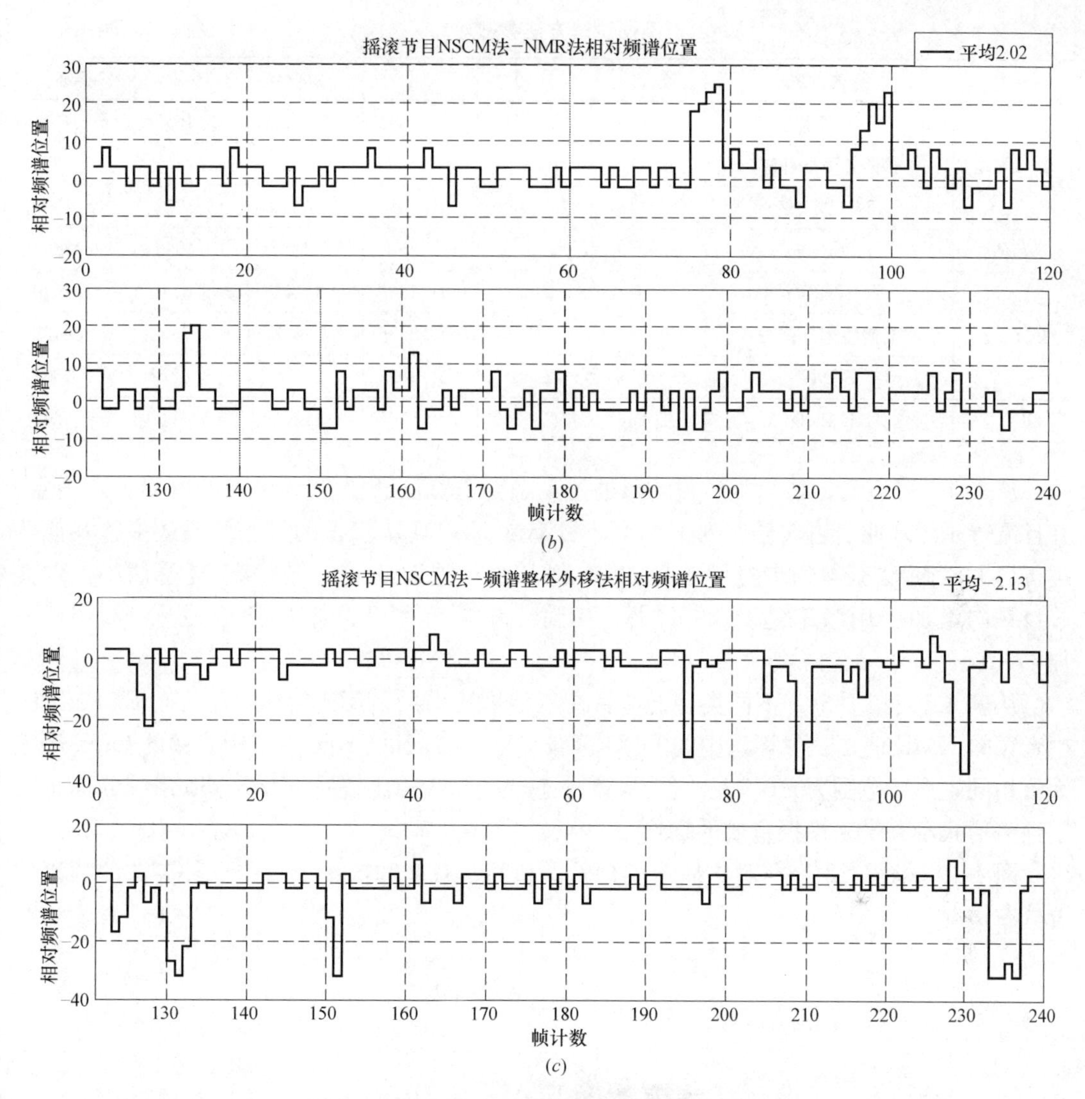

图 4-18 摇滚节目三种算法相对频谱位置（续）

（b）相对频谱位置 1；（c）相对频谱位置 2

表 4-5 对比显示三种算法所带来的带宽增益；表 4-6 显示三种动态频谱算法时参数 NMR_{new}、ODG_{new}、NMR_{all} 和 ODG_{all} 的对比。其中百分比是相对于 HD Radio 数字信号固定占用 120kHz～150kHz 时的单边带带宽 30kHz 算得。

不同算法带宽增益对比 **表 4-5**

参数	测试方法	流行乐	新闻	戏曲	古典	评书	摇滚
SaveBand	NMR 搬移法	26.98	26.12	27.56	0	0	20.48
		89.93%	87.07%	91.87%	0	0	68.27%
	频谱整体外移法	26.85	20.10	28.83	10.29	27.42	16.33
		89.50%	67.00%	96.10%	34.30%	91.40%	54.43%
	NSCM 法	30.45	25.94	33.48	19.88	32.55	18.46
		101.50%	86.47%	111.60%	66.27%	108.50%	61.53%

不同测试方法参数对比　　表 4-6

参数	测试方法	流行乐	新闻	戏曲	古典	评书	摇滚
NMR_{new}	NMR 搬移法	0.4403	1.8053	−1.7343	16.5855	18.4053	−4.9751
	频谱整体外移法	1.5711	0.7270	−0.0750	8.5376	11.2642	−6.1856
	NSCM 法	2.1648	2.28778	0.8756	11.7963	13.3861	−5.4097
NMR_{all}	HD Radio	3.5859	4.7132	1.7652	16.5855	18.4053	−2.3895
ODG_{new}	NMR 搬移法	−1.9678	−2.3441	−1.4008	−3.4413	−3.8117	−1.4540
	频谱整体外移法	−2.2116	−2.1852	−1.8236	−3.4577	−3.8062	−1.3429
	NSCM 法	−2.2533	−2.4813	−1.7898	−3.4586	−3.8272	−1.4687
ODG_{all}	HD Radio	−2.2360	−2.5209	−1.8166	−3.4413	−3.8117	−1.4609

从表 4-5 可以看出，六类节目均可通过动态频谱算法获得 60%以上的可用带宽增益，并且流行乐、戏曲、古典乐、评书四类节目都是 NSCM 法获得的带宽增益最多，其他两类节目 NSCM 法获得的带宽增益与 NMR 搬移法相差近 2kHz。在 NSCM 算法中，六类节目平均增加可用频谱达到 89.31%，相对于本研究团队之前的研究成果 72.12%增加 17.19%。

从表 4-6 可以看出，不同类型的节目在三种算法中的 NMR 值均优于 HD Radio 系统中音频的 NMR 值；三种算法中的 ODG 等级优于或与 HD Radio 系统中音频的 ODG 等级大致相同，误差范围为±0.02；说明频谱动态分配算法相比较原 HD Radio 系统的固定数字频谱形式没有带来模拟音质的损伤。

图 4-19～图 4-22 分别对比显示流行乐、新闻、戏曲和摇滚节目中三种算法的频谱位置分布情况。

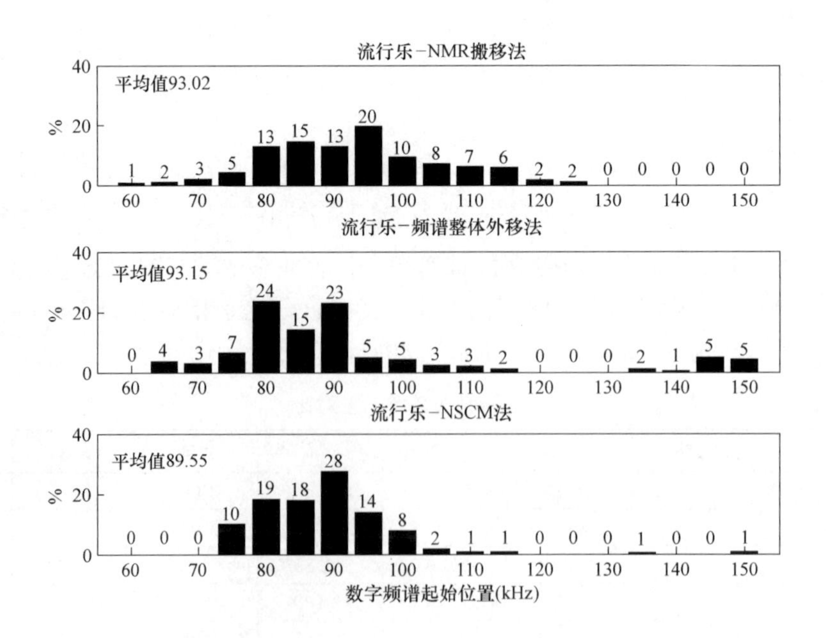

图 4-19　流行乐节目三种算法频谱分布对比

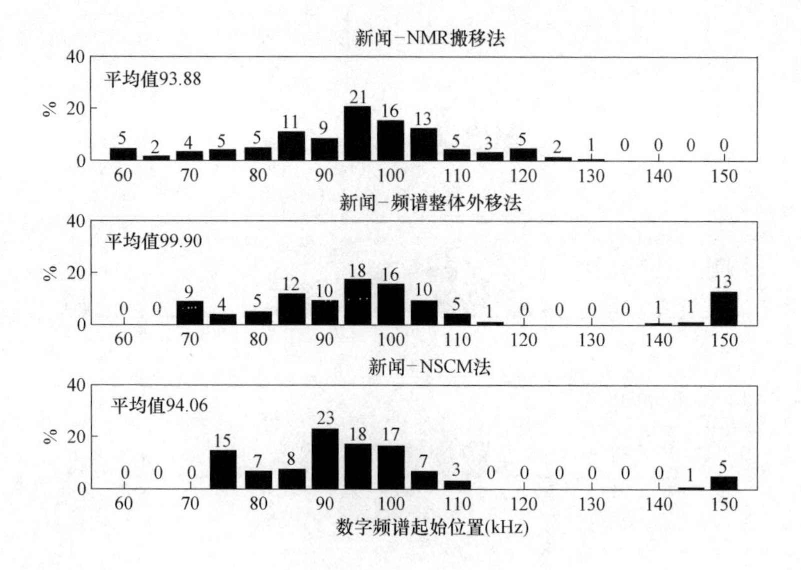

图 4-20 新闻节目三种算法频谱分布对比

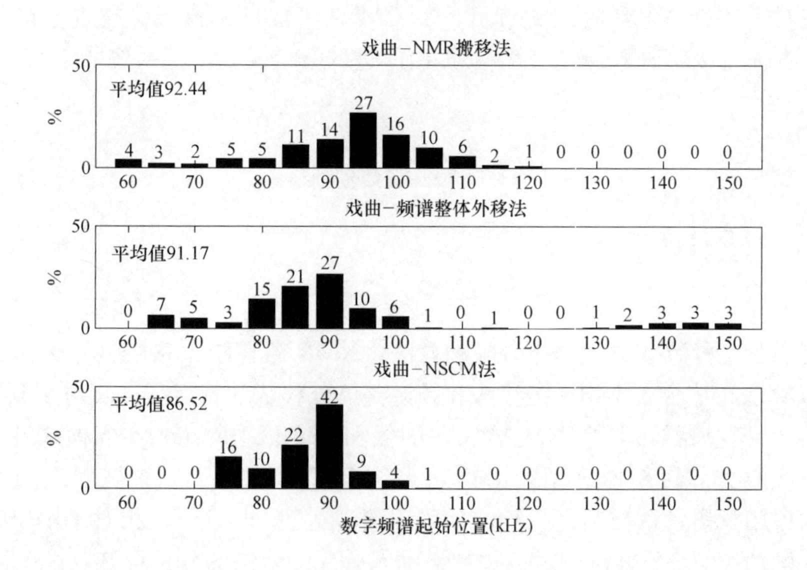

图 4-21 戏曲节目三种算法频谱分布对比

从图 4-19～图 4-21 可以明显看出，对于流行乐、新闻、戏曲这三类节目，第二种算法即频谱整体外移法相对于 NMR 搬移法，其频谱分布情况向左偏移；第三种算法即 NSCM 法相对于频谱整体外移法，其频谱分布在较小频率位置的分布更加集中，分布在较小频谱位置的帧数增多；这与表 4-5 中 NSCM 法能获得比频谱整体外移法更多的带宽增益，频谱整体外移法能获得比 NMR 搬移法更多的带宽增益相一致。从图 4-22 可以看出，对于摇滚类节目，这三种算法的频谱分布情况差别不大，这与表 4-5 中，摇滚类节目两种算法的带宽增益几乎一样相一致。

结合表 4-5 看出，NSCM 法在三种算法中对六类节目都可获得最大或近似最大的带宽

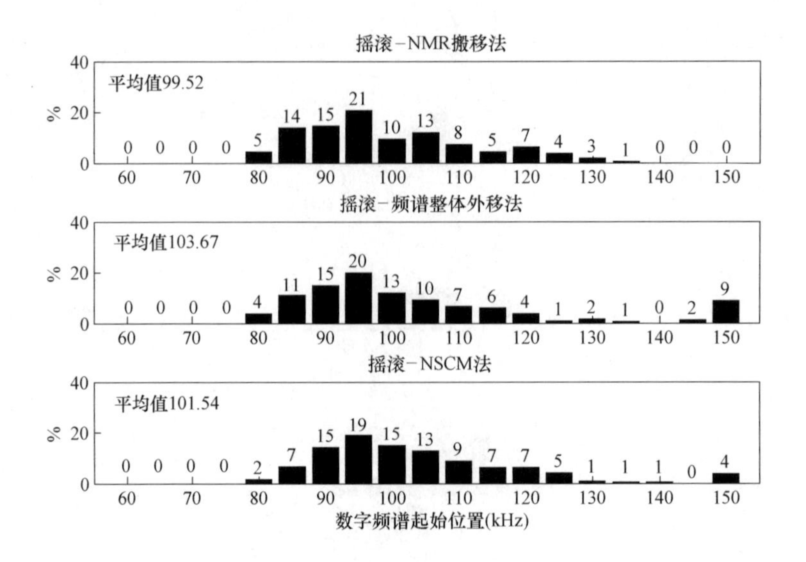

图 4-22 摇滚节目三种算法频谱分布对比

增益，表明对于实验中用到的六类节目，NSCM 算法具有一致最优或近似最优的带宽增益。而后，本书将以 NSCM 算法为核心提出改进的数模同播广播系统的方案。

4.5 本章小结

本章提出了三种数字频谱动态分配的算法：NMR 搬移法、频谱整体外移法和 NSCM 法。NSCM 算法在综合了 NMR 搬移法和频谱整体外移法的特点后，相对于其他两种算法能获得更多的带宽增益，其中 NSCM 法在确保和 FM HD Radio MP2 模式音频质量相同的前提下，戏曲类节目新增可用频谱达到 33.48kHz，相对于原系统固定频谱位置增加 111.60%的可用频谱；六类节目平均增加可用频谱达到 89.31%，相对于本研究团队之前的研究成果增加 17.19%。通过对三种频谱动态分配的算法的分析可知：NSCM 算法对于实验中的六类节目，具有一致最优或近似最优的带宽增益，NSCM 算法的最优性具有一定的广泛意义。

5 改进的数模同播广播系统

本书在第 2 章通过对 HD Radio 系统邻频和同频干扰的分析，提出了改进的数模同播方案的系统模型，为本章提出具体的数模同播系统方案提供框架。本章将结合第 3 章提出的基于改进的 PEAQ 算法的数模同播系统干扰评价方法，和第 4 章提出的数字频谱动态分配算法，提出新的数字音频广播数模同播方案，并对所提的改进的数模同播广播系统方案进行可行性分析。

5.1　改进的数模同播系统方案

在前面章节研究的基础上，本章提出改进的数模同播系统方案如图 5-1 所示，该系统方案主要包括三个模块：评价体系的建立模块、数字频谱动态分配算法模块和动态数字信号调制器模块。其中“评价体系的建立”模块根据本书第 3 章提出的基于改进的 PEAQ 算法的评价方法确定频谱动态分配算法的界限；“数字频谱动态分配算法”模块根据“评

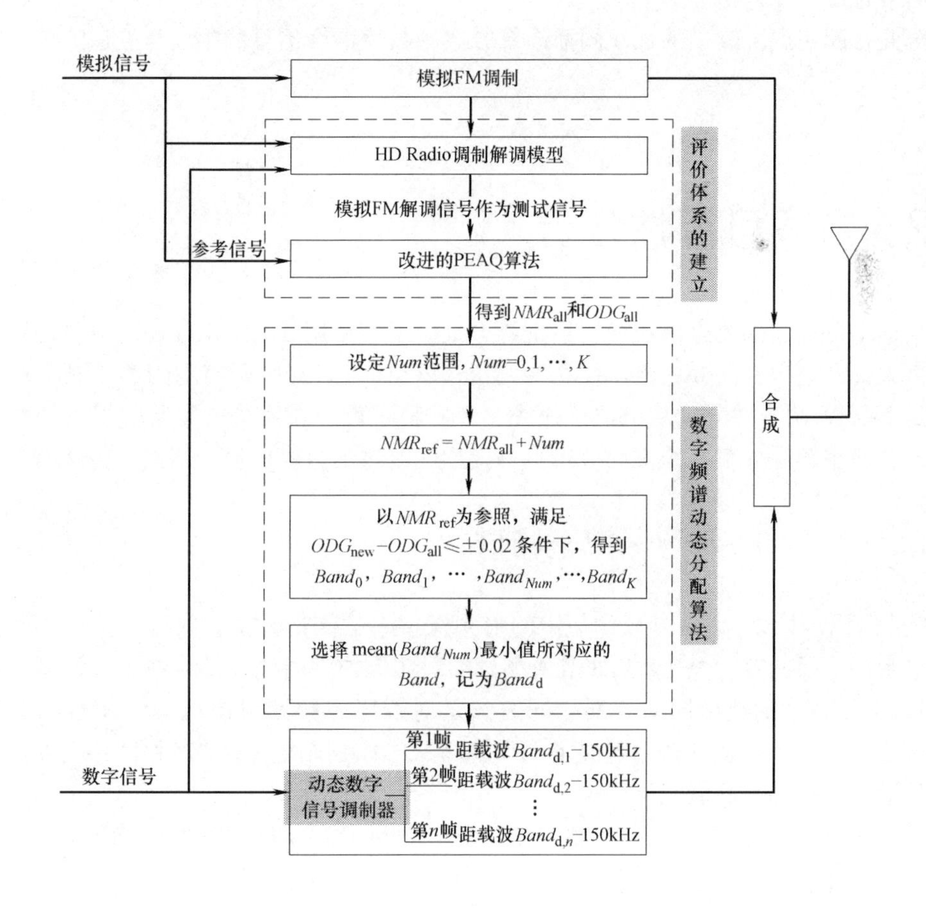

图 5-1　改进的数模同播广播系统方案

价体系的建立”模块所确立的界限找到每帧数字信号的动态频谱位置，本书在第4章提出的三种频谱动态分配算法都可以在这个模块运用和实现；“动态数字信号调制器”模块根据“数字频谱动态分配算法”模块找到的数字频谱动态位置，完成数字信号的动态调制。

本书提出的改进的数模同播系统方案主要包括以下五个步骤：

第一步，根据待发送的实时模拟信号和数字信号，按照所建立的评价体系，得到 NMR_{all} 和 ODG_{all} 的值；

第二步：确定 NMR_{ref} 的值，其中 $NMR_{ref}=NMR_{all}+Num$，并以此 NMR_{ref} 值作为频谱动态分配算法中每帧数字频谱位置选择的参照值；

第三步：在满足 ODG 等级合格即 $ODG_{new}-ODG_{all}<\pm 0.02$ 的条件下，找到每个 Num 值所对应的动态的数字频谱位置 $Band_0 \sim Band_K$；其中每个 $Band_{Num}$ 的值都包括所有 n 帧的频谱位置，n 是第一步中实时模拟信号所分割的总帧数；

第四步：选择 $Band_{Num}$ 的平均值 mean（$Band_{Num}$）最小的一组 $Band$，作为数字频谱动态分配算法的输出结果；

第五步：“数字动态调制器”按照“数字频谱动态分配算法”模块输出的 $Band$ 值生成频谱位置实时调整的数字信号，再由“合成器”将原始模拟信号和经调整了频谱位置的数字信号合成，发送出去。

至此，即完成了改进的数模同播系统方案中数模混合信号的生成与发送。

5.2 方案可行性分析

根据上节提出的改进的数模同播系统方案，本节使用 Total Recorder 软件对随机录制的中央人民广播电台的60分钟音频文件进行软件仿真，其中所使用的数字频谱动态分配算法是 NSCM 法。并分别从保护率曲线、音质稳定性、新系统方案所能提供的数字信号速率及变速率解决方案四个方面分析本书提出的改进的数模同播广播系统方案有效可行。

5.2.1 300kHz 射频保护率测试

按照 ITU-R BS. 641 建议中规定的射频保护率的测试方法，射频保护率的测试与所测试电台的节目内容无关，2.2.3 节所测试的射频保护率曲线及结果在本节同样适用。即300kHz 频道带宽的数模同播方案能同时满足对数字音频和对模拟 FM 信号的保护率要求，可实现真正的数模同播，解决了 HD Radio 方案在国内主要城市和世界上发达地区无法实现数模同播的致命缺陷。

5.2.2 音质稳定性分析

在测试中，音频节目源使用 Total Recorder 软件随机录制的中央人民广播电台的60

分钟音频文件，采样频率为 48kHz，信号的帧长为 2048 个采样点，共 86400 帧。图 5-2 显示按照图 5-1 所示的改进的数模同播广播系统方案搜寻到的数字频谱起始位置，由于数据太多以致图像不清楚，图 5-2 只显示前 4800 帧的频谱动态位置。

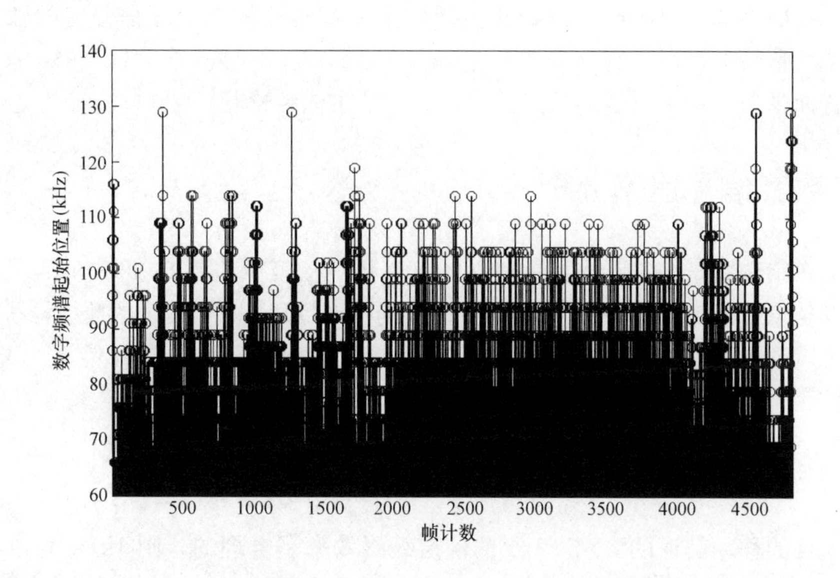

图 5-2　新系统方案搜寻的数字频谱起始位置

按照搜寻到的动态数字频谱位置，测试此时每帧模拟信号的 NMR 值，与数字信号频谱固定在 120kHz～150kHz 时模拟信号的 NMR 做对比。图 5-3 显示数字信号分别按固定频谱位置和动态频谱位置时，同频的模拟 FM 信号的 NMR 对比。

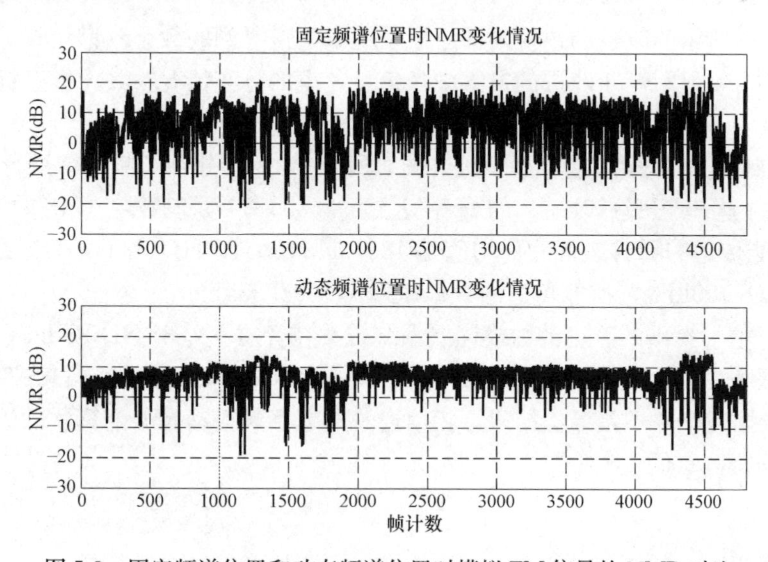

图 5-3　固定频谱位置和动态频谱位置时模拟 FM 信号的 NMR 对比

从图 5-3 可以看出，固定频谱位置时模拟信号的 NMR 值分布在－22dB～25dB，而且变化比较剧烈；经过本书提出的方案调整后模拟信号的 NMR 值分布在－20dB～12dB 之间。根据噪声响度的概念，NMR 小于 0dB 时，认为人耳听不到这样的噪声。本方案提出的模拟信号的NMR值之所以会有小范围的上下波动，是因为在动态调整数字频谱的位置时，数字频谱位置的步进长度是5kHz，通过减小这个步进长度，可使NMR的波动范围更小。

总之，按照本章提出的改进的数模同播广播方案相比较固定频谱位置的数模同播方案，模拟FM信号的NMR值分布更平稳，这说明本方案能够改善HD Radio系统由于固定频谱位置而带来的噪声时变的缺陷。这与3.3节中的结论相一致。

5.2.3 数字信号速率分析

现有的数字音频压缩技术支持一路立体声音频广播至少需要60kbps的码流，考虑到相应的辅助信息，码流应不少于70kbps。按照美国HD Radio标准中的数据，子载波间隔为363.4Hz，OFDM符号周期为2.902ms。同时移动信道为了保证可靠传输，采用QPSK调制，则数字信号的频带利用率为：

$$\frac{1}{2.902\times10^{-3}}\times\frac{10^{3}}{363.4}\times\log_{2}4=1.8965\ (\text{kbps/kHz}) \tag{5-1}$$

按照通常的移动信道的要求，1/2的信道编码效率是合理的，则1kHz宽度的数字信号能传送的净信息速率为1.8965/2＝0.948kbps。由于新提出的基于频谱动态分配的FM带内同频数字广播方案中，数字信号的上下边带传送不同的数据，则每帧数字信号所能传送的净信息速率与该帧数字信号的单边带带宽之间的关系为：净信息速率＝单边带带宽×2×0.948(kbps)。实际上，数字频谱固定占用±(120kHz～150kHz）时可达到的净信息速率＝(150－120)×2×0.948＝56.88kbps。

按照图5-1所示的改进的数模同播广播系统方案搜寻到的数字频谱位置，折合成数字信号速率，图5-4显示基于改进的方案中净信息速率的分布情况，其中横坐标为数字信号的净信息速率，单位为kbps，纵轴为超过该信息速率的百分比。

使用本书提出的数模同播广播系统方案对所采集的60分钟音频文件进行测试，60分钟音频的瞬时速率超过70kbps的概率达到98.83％，动态数字频谱的平均位置是83.36kHz，能传送的瞬时速率的平均值是126.36kbps。而HD Radio系统占用固定的频带±(120kHz～150kHz）所能传送的数据速率仅为56.88kbps。

这说明，本书提出的改进的数模同播系统方案在音质不差于HD Radio系统的数模同播方案的前提下，可提高（126.36－56.88)/56.88＝122.15％的数字信息速率。事实上，图5-4中的数据速率并不是最优结果，相信通过对数字频谱动态分配算法的进一步的研究还应有较大的提高空间。

5.2.4 变速率解决方案

数字频谱的动态分配会导致数字音频的传输速率随着每帧分配的数据带宽不同而有起伏变化。为了输出相对稳定的信息速率，可以在接收端增加存储器进行数据流量控制，从而保证在延时时间内的数据速率平稳。表5-1显示实验中的60分钟音频在延时时间内，

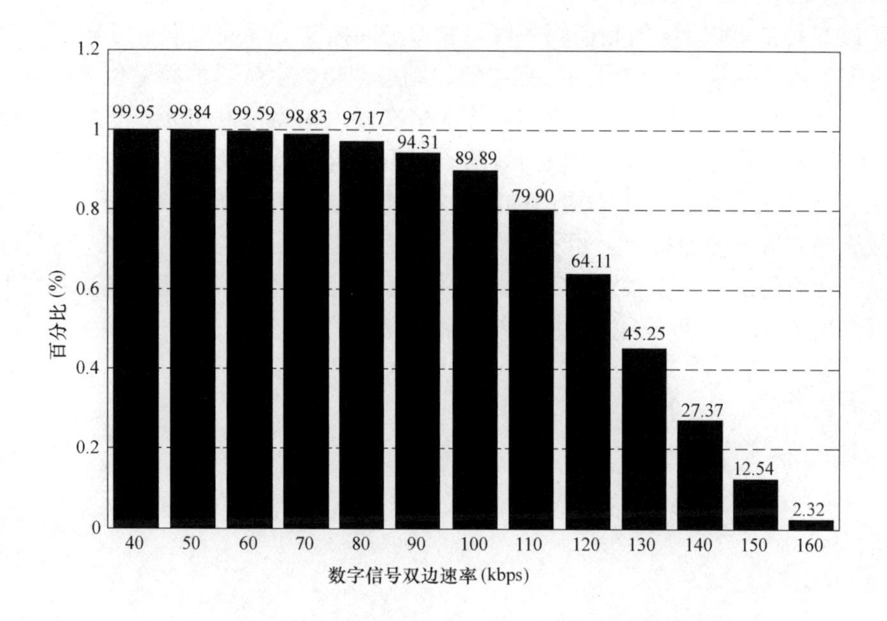

图 5-4 改进的数模同播广播系统方案净信息速率的分布情况

数字信号速率大于 70kbps 的百分比。

改进的系统方案中数字信号速率达到 70kbps 帧数百分比 **表 5-1**

	不延时	延时 43ms	延时 87ms	延时 130ms
数字速率超过 70kbps 百分比(%)	98.83	99.48	99.99	100

从表 5-1 可以看出，为达到稳定在 70kbps 的数字信号传输速率，所需要的最大延时为 130ms。其中表 5-1 中的 43ms 是一帧数据的持续时间，实验中一帧数据是 2048 个采样点，采样频率是 48kHz。同时算得，在延时 130ms 时对应所需要的最大存储器为 752.5Byte。因而只需在接收数据后增加大约 1kByte 的存储器，即可使得收发数据的速率大于 70kbps 的概率达到 99%以上，消除了由于数字频谱动态分配带来的变速率影响。

从新技术带来的复杂度方面分析，首先“带宽自适应分配器”仅加在发射端，原 HD Radio 系统有交织带来的较大系统延时，因而增加的自适应模块完全可以在系统延时之内完成自适应算法；更为人称道的是，随着频谱动态分配技术的不断提高，仅需对发射调制器进行升级，几乎不增加接收机的复杂度，即可享受数字信道速率增加而给整个系统带来的性能提升，实现真正的数模同播。

5.3 本章小结

在第 2、3、4 章研究成果的支撑下，本章创新性地提出了改进的数字音频广播数模同播方案，该方案在 300kHz 的频道间隔内，在保证同播的 FM 模拟信号音质不下降的前提下，通过实时测试模拟 FM 信号的特征参数，动态调整数字信号的频谱位置，解决了美国提出的 HD Radio 数字音频广播数模同播方案中在国内主要城市和世界上发达地区同频信道 300kHz 间隔而无法实现同播的致命缺陷。根据实验中随机录制的中央人民广播电台的 60 分钟音频文件进行测试，本书提出的改进的数模同播系统方案在音质不差于 HD Radio 系统的数模同播方案的前提下，可提高 122.15%的数字信息速率。同时，本章分别从保护率曲线、音质稳定性、新系统方案所能提供的数字信号速率及变速率解决方案四个方面分析本书提出的改进的数模同播广播系统方案有效可行。

6 总结与展望

6.1 全书总结

本书在研究团队之前的研究基础上，通过对 HD Radio 系统中同频干扰、邻频干扰的分析，提出了 300kHz 的数模同播频谱结构和数字频谱动态分配方案；并提出了基于改进的 PEAQ 算法的数模同播系统评价体系，制定了数字频谱动态分配算法的界限；在提出的三种数字频谱动态分配算法中，NSCM 算法对于实验中的六类节目，具有一致最优或近似最优的带宽增益，从而确定为改进的数模同播系统方案中选定的频谱动态分配算法；最后，基于以上研究成果提出改进的数模同播广播系统方案，解决了 HD Radio 系统频谱占用过宽、数模干扰时变的缺陷，实现了真正意义上的数模同播。

总的来说，本书主要完成了以下创新性成果：

① 在 HD Radio 系统的邻频干扰方面，本书通过分析 100kHz、200kHz、300kHz 和 400kHz 频率间隔各自存在的问题，率先提出 300kHz 频谱带宽的数模同播方案，通过射频保护率的测试和频谱结构的分析，300kHz 频谱带宽的数模同播方案能同时满足对模拟信号和对数字信号的保护率要求。

② 本书在研究数模同播中数字信号对模拟信号的影响时，率先提出数模干扰是一个非线性过程，数模干扰噪声是随模拟信号变化的；然后建立了非线性失真的数模串扰模型，以对数模干扰噪声进行统计分析；并创新性地提出了数字信号的频谱动态分配技术，在解决同频数模噪声时变问题的基础上，提升了数字信号的传输能力。

③ 为了更加真实、准确地衡量非线性失真，本书引入基于心理声学模型的 PEAQ 算法对失真进行近似主观的评价，并对 PEAQ 进行改进，将 NMR 与 PEAQ 相结合，提出了适用于本系统的音频评价标准。

④ 提出了 NMR 移位法、频带移位法和 NSCM 法三种数字信号动态分配算法。针对流行乐、新闻、戏曲等 6 类不同类型节目，对三种算法取得的可用频谱增益进行比较和分析，得出结论——NSCM 算法对于各类节目具有一致最优的带宽增益。在确保和 FM HD Radio MP2 模式音质相同的前提下，NSCM 算法中六类节目平均增加可用频谱达到 26.79kHz，相对于本研究团队之前的研究成果增加 17.19%。

⑤ 在上述研究成果的支撑下，本书创新性地提出了新的数字音频广播数模同播方案。该方案基于 NSCM 数字频谱动态分配算法，在保证同播的 FM 模拟信号音质不下降的前提下，通过实时测试模拟 FM 信号的特征参数，动态调整数字信号的频谱位置，解决了美国提出的 HD Radio 数字音频广播数模同播方案中在同频信道 300kHz 间隔时，在国内主要城市和世界上发达地区无法实现同播的致命缺陷。该方案适应调频电台的最小保护率要求，实现了真正意义上的数模同播。同时，我们仿真测试得到的 6 种不同类型节目和中央人民广播电台的 60 分钟音频的测试文档，可提供给同行参考。

6.2 研究展望

本书研究了数模同播系统中的同频、邻频干扰等问题，提出了一种改进的数字音频数模同播广播方案，目的是构造一种能在我国 FM 数字音频广播系统中传输的 300kHz 频道间隔的数模同播模式。然而，数模同播广播系统的构造是一个复杂研究课题，本书所做的研究工作还存在不足之处，这也为以后的研究提供了方向，归纳如下：

① 本书提出了三种数字频谱动态分配的算法：NMR 搬移法、频谱整体外移法和 NSCM 法。然而随着研究的深入，应该提出更优异的数字频谱动态分配算法，获得更多的带宽增益并减少对模拟音频的影响；另外，不同的音频节目能带来最多带宽增益的算法稍有不同，因而也可通过对已有算法实行并行计算的方式，选择对应音频节目能节省最多带宽增益的频谱动态算法。

② 由于心理声学模型 PEAQ 算法本身的复杂性，使得发射端在进行数字频谱动态分配时有一定的延时，因而通过寻找 PEAQ 的修正算法或快速算法，减少数字信号动态接入算法的复杂度，使处理方案更高效具有很大的研究价值。

③ 在 NMR 搬移法中，古典乐和评书节目并未获得带宽增益，这是由于通过频谱动态接入算法计算的带宽平均值小于固定数字频谱的带宽值。这就需要讨论，在数字频谱动态接入算法的实施过程中，如遇到音质特别好或特别差的极端情况，应如何把握数字信号带宽和音质之间的取舍问题。

附录

附录1 听觉滤波器分组

听觉滤波器分组 **附表1**

子带序号	听觉滤波带分组对应的频谱位置（Hz）			子带对应的谱线数	子带对应的谱线系数		子带对应的内部噪声	时域掩蔽系数 a
	起始频率 f_l	终止频率 f_u	中心频率 f_c		U_l	U_u		
1	80.000	103.445	91.708	1	0.0867	0.9137	9.6504	0.5133
2	103.445	127.023	115.216	1	0.0863	0.9196	6.6109	0.4550
3	127.023	150.762	138.87	1	0.0804	0.9325	5.0867	0.4087
4	150.762	174.694	162.702	1	0.0675	0.9536	4.1915	0.3711
5	174.694	198.849	186.742	1	0.0464	0.9842	3.6091	0.3401
6	198.849	223.257	211.019	2	0.0158	0.0256	3.2024	0.3142
7	223.257	247.950	235.566	1	0.9744	0.0792	2.9032	0.2922
8	247.950	272.959	260.413	1	0.9208	0.1463	2.6742	0.2733
9	272.959	298.317	285.593	1	0.8537	0.2282	2.4934	0.2570
10	298.317	324.055	311.136	1	0.7718	0.3263	2.3470	0.2428
11	324.055	350.207	337.077	1	0.6737	0.4422	2.2260	0.2303
12	350.207	376.805	363.448	1	0.5578	0.5770	2.1242	0.2191
13	376.805	403.884	390.282	1	0.4230	0.7324	2.0374	0.2092
14	403.884	431.478	417.614	1	0.2676	0.9097	1.9624	0.2003
15	431.478	459.622	445.479	2	0.0903	0.1105	1.8969	0.1923
16	459.622	488.353	473.912	1	0.8895	0.3364	1.8391	0.1850
17	488.353	517.707	502.95	1	0.6636	0.5888	1.7878	0.1783
18	517.707	547.721	532.629	1	0.4112	0.8694	1.7418	0.1723
19	547.721	578.434	562.988	2	0.1306	0.1799	1.7004	0.1667
20	578.434	609.885	594.065	1	0.8201	0.5218	1.6628	0.1616
21	609.885	642.114	625.899	1	0.4782	0.8969	1.6286	0.1568
22	642.114	675.161	658.533	2	0.1031	0.3069	1.5973	0.1524

续表

子带序号	听觉滤波带分组对应的频谱位置(Hz)			子带对应的谱线数	子带对应的谱线系数		子带对应的内部噪声	时域掩蔽系数 a
	起始频率 f_1	终止频率 f_u	中心频率 f_c		U_1	U_u		
23	675.161	709.071	692.006	1	0.6931	0.7537	1.5684	0.1483
24	709.071	743.884	726.362	2	0.2463	0.2391	1.5418	0.1445
25	743.884	779.647	761.644	1	0.7609	0.7649	1.5172	0.1410
26	779.647	816.404	797.898	2	0.2351	0.3332	1.4942	0.1376
27	816.404	854.203	835.17	1	0.6668	0.9460	1.4729	0.1345
28	854.203	893.091	873.508	2	0.0540	0.6052	1.4529	0.1316
29	893.091	933.113	912.959	2	0.3948	0.3128	1.4342	0.1288
30	933.119	974.336	953.576	2	0.6869	0.0717	1.4166	0.1262
31	974.336	1016.797	995.408	1	0.9283	0.8833	1.4000	0.1238
32	1016.797	1060.555	1038.511	2	0.1167	0.7503	1.3844	0.1214
33	1060.555	1105.666	1082.938	2	0.2497	0.6751	1.3696	0.1192
34	1105.666	1152.187	1128.746	2	0.3249	0.6600	1.3557	0.1172
35	1152.187	1200.178	1175.995	2	0.3400	0.7076	1.3424	0.1152
36	1200.178	1249.700	1224.744	2	0.2924	0.8205	1.3298	0.1133
37	1249.700	1300.816	1275.055	3	0.1795	0.0015	1.3179	0.1115
38	1300.816	1353.592	1326.992	2	0.9985	0.2533	1.3065	0.1098
39	1353.592	1408.094	1380.623	2	0.7467	0.5787	1.2956	0.1082
40	1408.094	1464.392	1436.014	2	0.4213	0.9807	1.2853	0.1067
41	1464.392	1522.559	1493.237	3	0.0193	0.4625	1.2754	0.1052
42	1522.559	1582.668	1552.366	3	0.5375	0.0272	1.2659	0.1038
43	1582.668	1644.795	1613.474	2	0.9728	0.6779	1.2569	0.1025
44	1644.795	1709.021	1676.641	3	0.3221	0.4182	1.2482	0.1012
45	1709.021	1775.427	1741.946	3	0.5818	0.2516	1.2399	0.1000
46	1775.427	1844.098	1809.474	3	0.7484	0.1815	1.2320	0.0988
47	1844.098	1915.121	1879.31	3	0.8185	0.2118	1.2243	0.0977
48	1915.121	1988.587	1951.543	3	0.7882	0.3464	1.2170	0.0966

续表

子带序号	听觉滤波带分组对应的频谱位置(Hz)			子带对应的谱线数	子带对应的谱线系数		子带对应的内部噪声	时域掩蔽系数 a
	起始频率 f_l	终止频率 f_u	中心频率 f_c		U_l	U_u		
49	1988.587	2064.590	2026.266	3	0.6536	0.5892	1.2099	0.0956
50	2064.590	2143.227	2103.573	3	0.4108	0.9444	1.2031	0.0946
51	2143.227	2224.597	2183.564	4	0.0556	0.4161	1.1966	0.0936
52	2224.597	2308.806	2266.34	4	0.5839	0.0091	1.1903	0.0927
53	2308.806	2395.959	2352.008	3	0.9909	0.7276	1.1843	0.0919
54	2395.959	2486.169	2440.675	4	0.2724	0.5765	1.1784	0.0910
55	2486.169	2579.551	2532.456	4	0.4235	0.5608	1.1728	0.0902
56	2579.551	2676.223	2627.468	4	0.4392	0.6855	1.1674	0.0895
57	2676.223	2776.309	2725.832	4	0.3145	0.9559	1.1622	0.0887
58	2776.309	2879.937	2827.672	5	0.0441	0.3773	1.1571	0.0880
59	2879.937	2987.238	2933.12	4	0.6227	0.9555	1.1523	0.0873
60	2987.238	3098.350	3042.309	5	0.0445	0.6963	1.1476	0.0867
61	3098.350	3213.415	3155.379	5	0.3037	0.6057	1.1431	0.0860
62	3213.415	3332.579	3272.475	5	0.3943	0.6900	1.1387	0.0854
63	3332.579	3455.993	3393.745	5	0.3100	0.9557	1.1344	0.0849
64	3455.993	3583.817	3519.344	6	0.0443	0.4095	1.1303	0.0843
65	3583.817	3716.212	3649.432	6	0.5905	0.0584	1.1264	0.0838
66	3716.212	3853.348	3784.176	5	0.9416	0.9095	1.1226	0.0832
67	3853.817	3995.399	3923.748	6	0.0705	0.9704	1.1189	0.0827
68	3995.399	4142.547	4068.324	7	0.0296	0.2487	1.1153	0.0823
69	4142.547	4294.979	4218.09	6	0.7513	0.7524	1.1118	0.0818
70	4294.979	4452.890	4373.237	7	0.2476	0.4900	1.1085	0.0814
71	4452.890	4643.482	4533.963	8	0.5100	0.6219	1.1052	0.0809
72	4616.482	4785.962	4700.473	7	0.5301	0.7010	1.1021	0.0805
73	4785.962	4961.548	4872.978	8	0.2990	0.1927	1.0990	0.0801
74	4961.548	5143.463	5051.7	7	0.8073	0.9544	1.0961	0.0797

续表

子带序号	听觉滤波带分组对应的频谱位置(Hz)			子带对应的谱线数	子带对应的谱线系数		子带对应的内部噪声	时域掩蔽系数 a
	起始频率 f_l	终止频率 f_u	中心频率 f_c		U_l	U_u		
75	5143.463	5331.939	5236.866	8	0.0456	0.9961	1.0932	0.0794
76	5331.939	5527.217	5428.712	9	0.0039	0.3279	1.0905	0.0790
77	5527.217	5729.545	5627.484	8	0.6721	0.9606	1.0878	0.0787
78	5729.545	5939.183	5833.434	9	0.0394	0.9051	1.0852	0.0783
79	5939.183	6156.396	6046.825	10	0.0949	0.1729	1.0827	0.0780
80	6156.396	6381.463	6267.931	9	0.8271	0.7758	1.0803	0.0777
81	6381.463	6614.671	6497.031	10	0.2242	0.7260	1.0779	0.0774
82	6614.671	6856.316	6734.42	11	0.2740	0.0361	1.0756	0.0771
83	6856.316	7106.708	6980.399	10	0.9639	0.7195	1.0734	0.0769
84	7106.708	7366.166	7235.284	11	0.2805	0.7897	1.0713	0.0766
85	7366.166	7635.020	7499.397	12	0.2103	0.2609	1.0692	0.0764
86	7635.020	7913.614	7773.077	12	0.7391	0.1475	1.0672	0.0761
87	7913.614	8202.302	8056.673	12	0.8525	0.4649	1.0652	0.0759
88	8202.302	8501.454	8350.547	13	0.5351	0.2287	1.0633	0.0756
89	8501.454	8811.450	8655.072	13	0.7713	0.4552	1.0615	0.0754
90	8811.450	9132.688	8970.639	14	0.5448	0.1614	1.0597	0.0752
91	9132.688	9465.574	9297.648	14	0.8386	0.3645	1.0579	0.0750
92	9465.574	9810.536	9636.52	15	0.6355	0.0829	1.0563	0.0748
93	9810.536	10168.013	9987.683	15	0.9171	0.3352	1.0546	0.0746
94	10168.013	10538.460	10351.586	16	0.6648	0.1410	1.0530	0.0744
95	10538.460	10922.351	10728.695	16	0.8590	0.5203	1.0515	0.0743
96	10922.351	11320.175	11119.49	17	0.4797	0.4941	1.0500	0.0741
97	11320.175	11732.438	11524.47	18	0.5059	0.0840	1.0486	0.0739
98	11732.438	12159.670	11944.149	18	0.9160	0.3126	1.0472	0.0738
99	12159.670	12602.412	12379.066	19	0.6874	0.2029	1.0458	0.0736
100	12602.412	13061.229	12829.775	19	0.7971	0.7791	1.0445	0.0735

续表

子带序号	听觉滤波带分组对应的频谱位置(Hz)			子带对应的谱线数	子带对应的谱线系数		子带对应的内部噪声	时域掩蔽系数 a
	起始频率 f_l	终止频率 f_u	中心频率 f_c		U_l	U_u		
101	13061.229	13536.710	13294.85	21	0.2209	0.0663	1.0432	0.0733
102	13536.710	14029.458	13780.887	21	0.9337	0.0902	1.0420	0.0732
103	14029.458	14540.103	14282.503	21	0.9098	0.8777	1.0408	0.0731
104	14540.103	15069.295	14802.338	23	0.1223	0.4566	1.0396	0.0729
105	15069.295	15617.710	15341.057	23	0.5434	0.8556	1.0385	0.0728
106	15617.710	16186.049	15899.345	25	0.1444	0.1048	1.0373	0.0727
107	16186.049	16775.035	16477.914	25	0.8952	0.2348	1.0363	0.0726
108	16775.035	17385.420	17077.504	26	0.7652	0.2779	1.0352	0.0725
109	17385.420	18000.000	17690.045	26	0.7221	0.5000	1.0342	0.0724

附录 2　实验中六种节目时域波形图

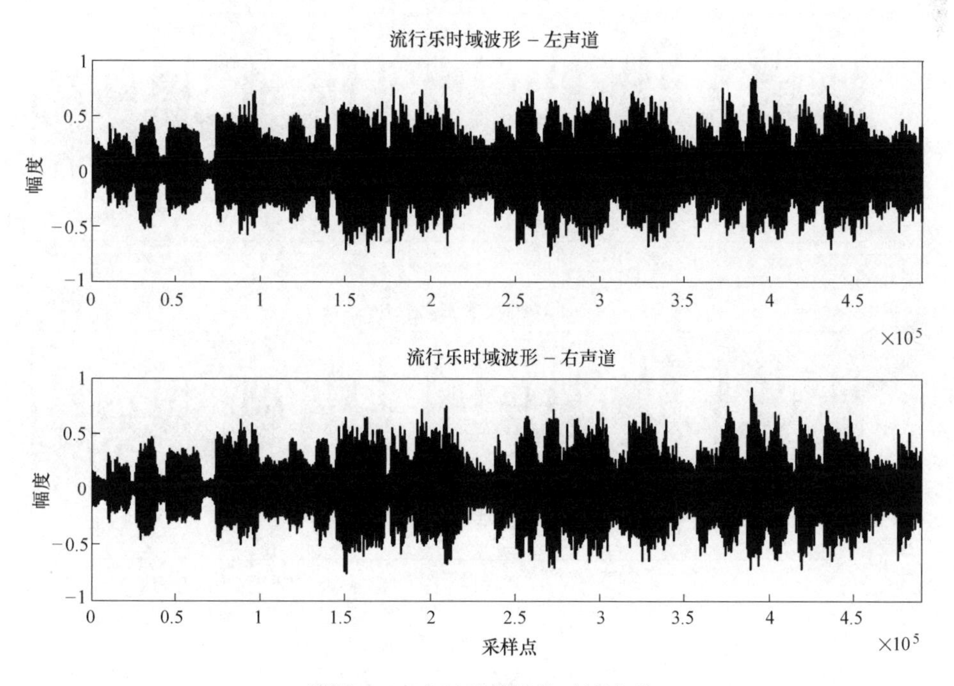

附图 2-1　流行乐节目的时域波形

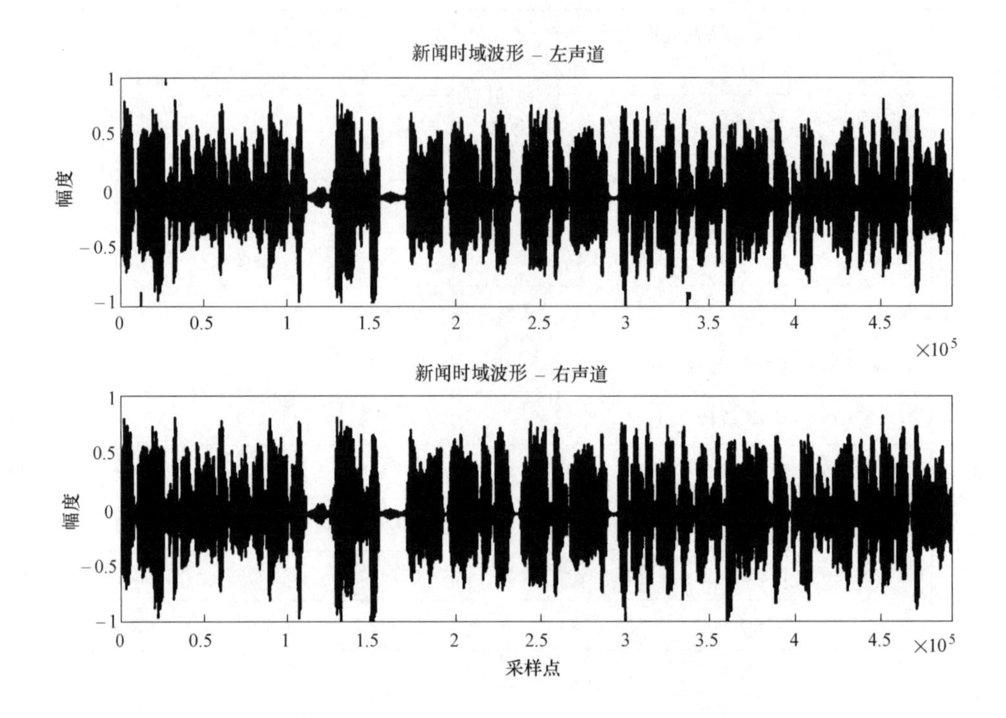

附图 2-2　新闻节目时域波形

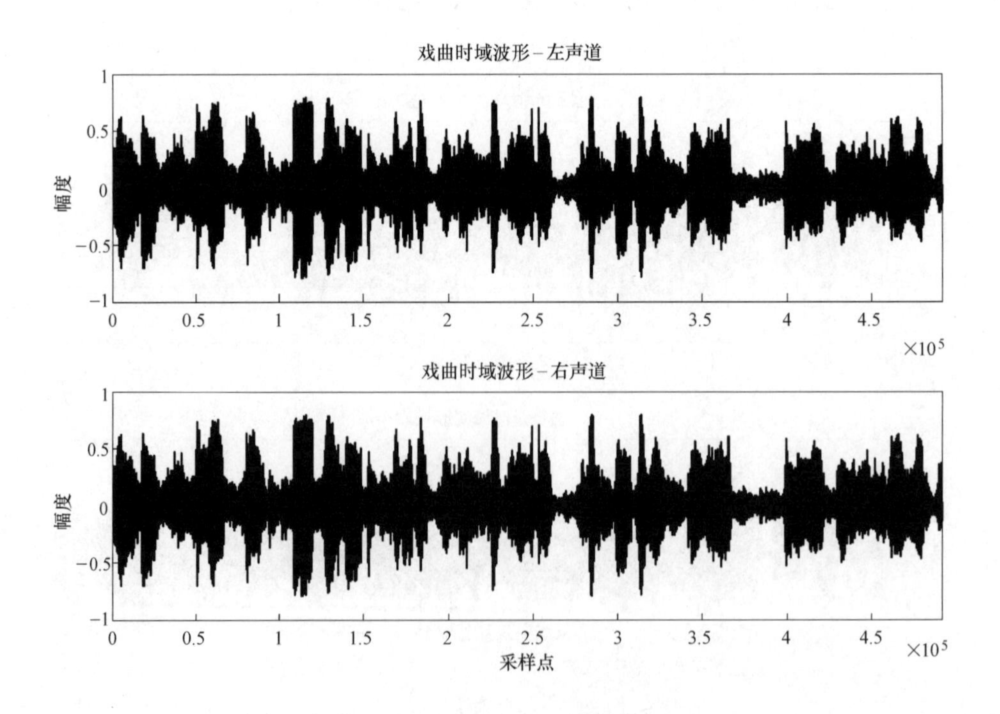

附图 2-3　戏曲节目的时域波形

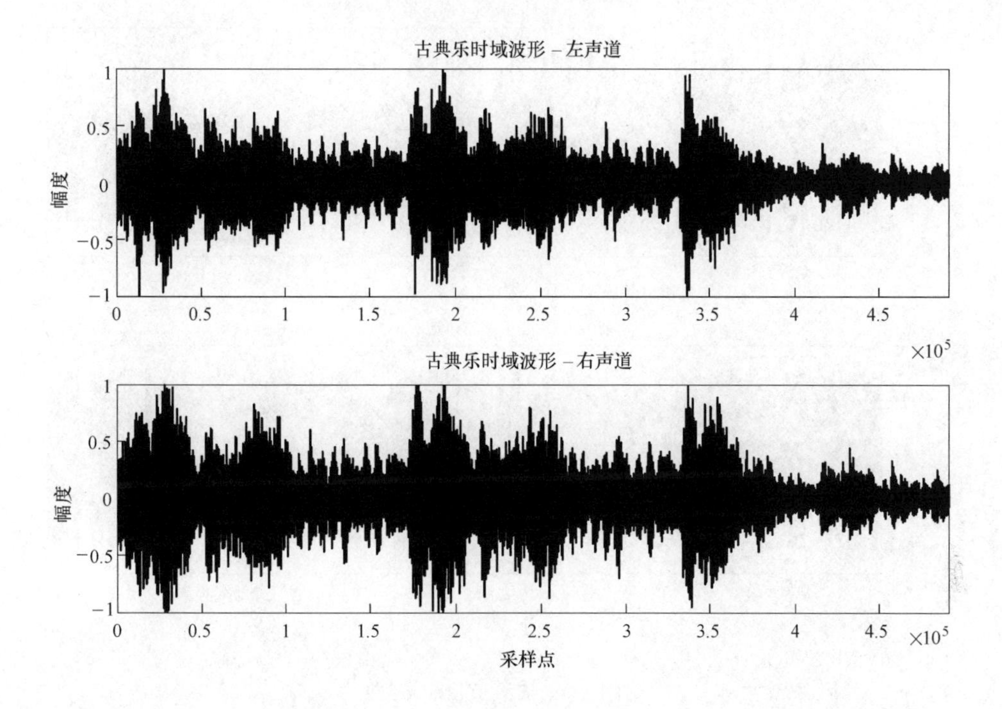

附图 2-4　古典乐节目时域波形

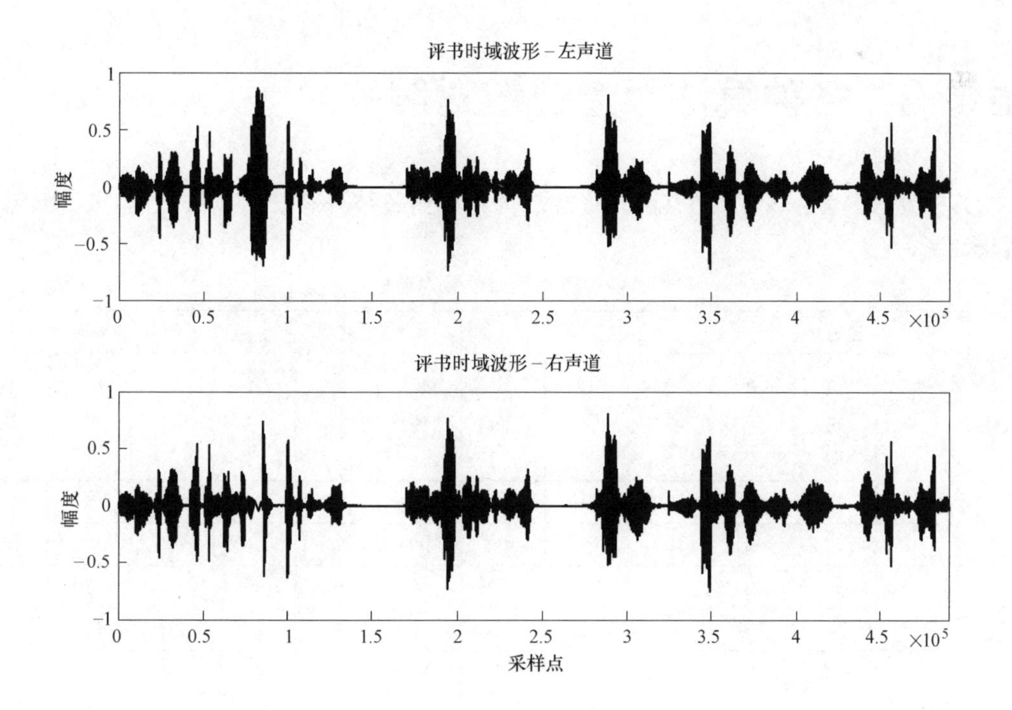

附图 2-5　评书节目的时域波形

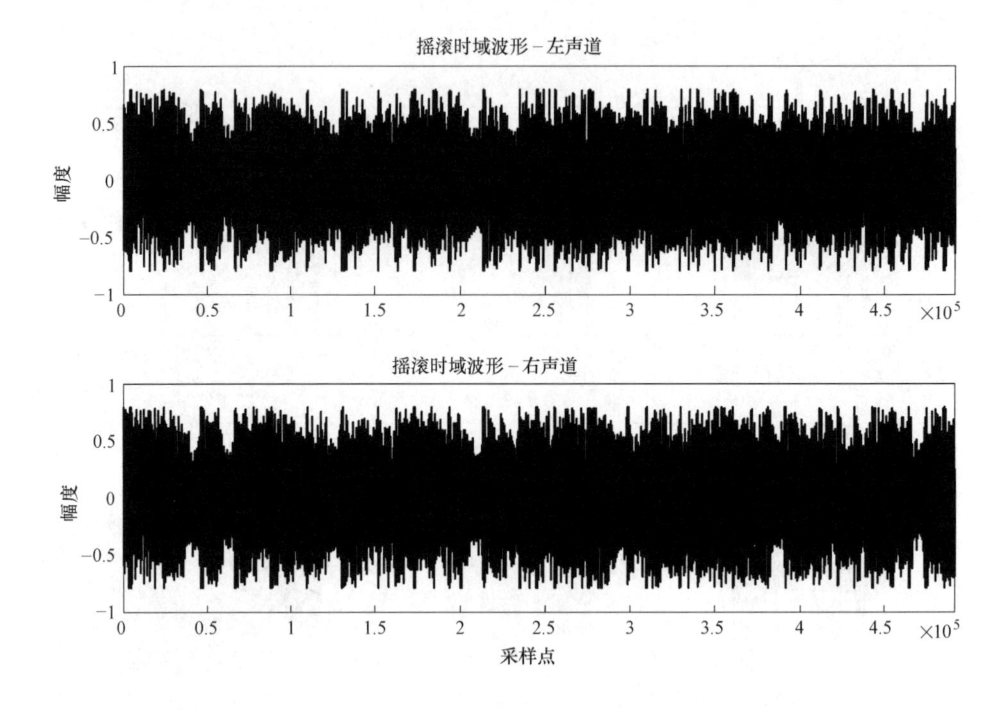

附图 2-6　摇滚节目时域波形

附录 3　各种算法频谱位置对照表

其中算法一为：NMR 搬移法；算法二为：频谱整体外移法；算法三为：NMR 和频谱联合法。

各种算法频谱位置对照表　　附表 3

帧序号	流行乐			新闻			戏曲			摇滚		
	算法一	算法二	算法三	算法一	算法二	算法三	算法一	算法二	算法三	算法一	算法二	算法三
1	75	72	76	110	107	105	100	90	90	95	95	98
2	80	77	81	100	102	100	90	90	90	100	105	108
3	100	92	91	100	102	100	95	90	85	120	120	123
4	115	107	101	95	92	95	95	90	90	110	110	113
5	110	102	91	120	112	145	90	90	90	110	105	108
6	70	67	76	60	67	75	95	90	90	120	120	123
7	80	77	76	90	87	85	100	95	90	110	110	113

续表

帧序号	流行乐			新闻			戏曲			摇滚		
	算法一	算法二	算法三	算法一	算法二	算法三	算法一	算法二	算法三	算法一	算法二	算法三
8	85	82	86	100	102	105	110	100	90	90	90	88
9	90	87	86	95	92	100	100	90	90	85	85	88
10	105	97	96	100	97	95	90	90	90	100	100	93
11	115	102	101	95	92	90	95	90	90	80	85	83
12	115	107	96	105	97	95	95	90	90	85	85	83
13	110	102	91	95	97	100	95	90	90	105	110	103
14	70	72	76	95	87	90	105	90	90	85	90	88
15	80	82	81	80	82	85	110	95	90	90	90	93
16	85	82	86	95	92	90	105	90	90	90	90	93
17	80	82	81	105	102	100	100	90	90	95	95	93
18	85	82	86	100	87	90	95	85	85	90	95	98
19	75	77	81	90	87	90	90	90	85	85	85	88
20	80	82	81	95	97	100	95	85	85	90	90	93
21	75	82	81	90	87	90	80	75	80	90	90	93
22	80	82	81	85	82	80	65	65	75	90	90	88
23	85	82	86	90	87	90	60	65	75	105	105	103
24	80	82	81	105	97	100	60	65	75	95	95	93
25	85	82	86	85	87	90	75	70	75	85	90	88
26	80	82	81	90	97	95	90	85	85	95	90	88
27	80	82	86	65	67	75	90	90	90	90	90	88
28	80	82	86	70	72	75	85	85	85	85	85	83
29	80	82	81	105	107	110	90	90	85	85	85	88
30	80	82	86	105	107	110	105	100	95	85	85	83
31	85	82	81	75	72	75	95	90	85	85	85	88
32	80	82	81	85	82	85	90	85	80	85	85	88
33	90	82	86	105	97	100	100	90	90	105	110	108
34	100	92	91	85	82	85	110	95	90	85	90	88
35	95	87	91	65	67	75	110	100	95	95	100	103
36	85	82	81	75	72	75	95	85	85	100	100	103
37	85	82	81	100	97	95	85	80	80	85	90	88
38	85	87	86	110	97	95	65	65	75	80	80	83
39	80	82	81	85	82	90	70	70	75	90	95	93
40	90	92	91	85	87	90	95	95	90	95	95	98

续表

帧序号	流行乐			新闻			戏曲			摇滚		
	算法一	算法二	算法三	算法一	算法二	算法三	算法一	算法二	算法三	算法一	算法二	算法三
41	85	87	91	85	82	80	100	95	95	95	95	98
42	95	92	91	85	82	85	90	90	85	95	95	103
43	90	87	91	70	72	75	85	85	80	105	105	108
44	90	87	86	105	107	110	90	90	90	105	110	108
45	95	92	91	95	97	100	100	90	90	95	90	88
46	100	92	91	90	92	90	100	85	90	95	100	98
47	95	92	96	100	97	100	90	85	85	90	95	93
48	100	97	96	105	102	100	95	90	90	100	100	103
49	105	92	91	120	107	110	95	85	90	85	85	83
50	95	87	86	95	87	90	85	80	80	85	85	83
51	100	92	91	95	92	90	85	80	80	85	90	88
52	105	102	101	95	92	95	90	85	85	85	85	88
53	105	102	96	95	92	95	75	70	75	85	85	88
54	110	102	96	105	97	95	100	95	85	125	130	128
55	110	102	96	120	117	150	95	90	85	110	105	108
56	95	87	86	115	102	90	100	90	75	105	105	103
57	85	82	81	105	92	90	90	80	75	110	105	108
58	90	82	81	95	82	90	100	90	85	105	105	108
59	80	77	81	95	87	90	95	90	90	80	80	78
60	70	67	76	100	87	90	95	85	90	80	80	83
61	75	72	76	75	72	75	85	80	85	80	80	83
62	95	87	86	60	67	75	80	75	75	80	80	83
63	105	97	96	60	67	75	95	90	80	80	80	83
64	115	107	101	95	87	80	85	75	75	105	105	103
65	105	97	91	95	97	100	90	85	80	100	100	103
66	80	82	81	95	92	90	85	85	85	105	105	103
67	85	82	86	105	102	105	90	85	85	105	105	103
68	80	82	81	105	107	105	90	85	85	105	110	108
69	85	82	81	95	92	95	95	90	90	100	100	103
70	85	82	81	95	92	90	100	95	95	95	95	93
71	75	72	76	90	92	90	100	95	95	95	95	98
72	60	67	76	70	72	75	100	95	95	90	90	93
73	65	67	76	80	77	80	95	90	90	105	100	103

续表

帧序号	流行乐			新闻			戏曲			摇滚		
	算法一	算法二	算法三	算法一	算法二	算法三	算法一	算法二	算法三	算法一	算法二	算法三
74	95	92	91	100	92	85	105	95	90	120	115	118
75	110	102	101	95	92	90	100	95	95	130	130	148
76	100	97	101	110	102	95	100	90	90	130	125	150
77	105	102	101	120	112	150	110	95	90	125	120	148
78	110	102	101	110	102	95	105	90	90	125	120	150
79	115	107	101	110	102	90	95	85	85	105	105	108
80	80	82	76	115	102	100	75	75	75	100	105	108
81	80	77	76	120	112	150	70	70	75	95	95	98
82	80	82	76	120	112	150	85	80	85	95	95	98
83	95	92	96	120	107	150	95	95	95	95	100	103
84	105	102	101	65	67	75	105	95	95	120	115	118
85	115	107	106	105	102	105	105	95	95	120	120	123
86	100	87	91	90	92	90	95	90	90	105	105	103
87	95	87	91	70	67	75	95	90	90	115	115	113
88	85	82	81	75	72	75	95	85	85	120	115	113
89	95	87	91	85	82	90	95	85	90	120	115	123
90	115	107	106	85	87	90	100	90	90	95	100	98
91	120	112	111	85	87	85	110	95	100	95	100	98
92	115	107	101	90	92	90	100	90	90	95	95	93
93	95	92	91	95	97	95	95	85	90	100	100	98
94	85	82	81	105	97	95	90	85	85	110	105	103
95	85	82	81	125	127	150	70	70	75	125	130	133
96	85	82	81	85	82	85	80	75	75	125	120	138
97	90	87	91	90	92	90	85	80	80	130	135	150
98	90	87	91	95	97	100	90	85	90	135	135	150
99	90	87	91	95	97	95	100	90	90	125	125	148
100	95	92	91	85	82	80	105	90	90	85	90	88
101	85	82	86	85	82	85	100	90	90	85	85	88
102	95	92	91	85	87	85	90	90	90	85	90	93
103	105	97	101	90	87	90	95	90	90	90	90	93
104	100	92	96	100	97	95	95	90	90	100	100	98
105	95	92	86	80	77	80	95	85	85	115	115	123
106	100	92	91	110	107	110	100	90	90	105	105	108

续表

帧序号	流行乐			新闻			戏曲			摇滚		
	算法一	算法二	算法三	算法一	算法二	算法三	算法一	算法二	算法三	算法一	算法二	算法三
107	100	92	91	105	102	105	95	85	85	115	115	113
108	110	102	101	110	97	95	75	70	75	120	120	123
109	115	102	96	85	82	85	65	65	75	120	115	113
110	110	102	101	95	92	90	65	65	75	90	90	88
111	120	112	116	100	97	95	100	90	85	95	95	93
112	125	117	150	95	92	90	90	90	85	95	90	93
113	125	122	150	95	92	90	90	85	85	95	95	98
114	120	112	111	120	112	150	105	95	90	100	100	93
115	110	102	96	120	112	150	105	90	90	110	115	118
116	90	87	81	95	87	90	95	85	85	105	105	108
117	80	77	76	60	67	75	95	90	90	110	115	118
118	70	67	76	60	67	75	95	90	90	115	115	118
119	65	67	76	100	97	95	100	95	95	115	115	113
120	70	72	76	90	87	90	100	95	95	110	115	118
121	80	77	81	100	97	95	100	90	90	100	100	108
122	100	92	91	95	92	95	95	95	95	110	110	118
123	95	97	91	90	87	85	100	90	90	115	110	113
124	95	92	96	85	82	85	95	85	90	110	105	108
125	90	92	91	70	67	75	90	85	90	110	110	113
126	95	97	91	100	97	100	85	85	85	105	105	108
127	95	92	91	100	102	100	85	80	80	115	115	113
128	90	87	91	100	92	95	105	95	90	115	115	118
129	100	92	91	85	82	85	105	90	90	115	115	118
130	85	82	81	110	102	90	100	85	90	120	115	118
131	80	77	81	60	67	75	95	85	90	120	115	118
132	95	92	91	90	92	90	85	80	85	125	120	128
133	100	92	96	95	92	100	95	85	85	130	135	148
134	100	97	96	100	97	100	100	85	90	130	130	150
135	95	92	91	95	97	100	70	65	75	120	120	123
136	85	82	81	95	97	95	60	65	75	110	110	113
137	85	82	86	90	92	90	60	65	75	90	90	88
138	85	82	86	95	92	95	60	65	75	90	90	88
139	80	82	81	90	87	90	85	70	75	95	95	93

续表

帧序号	流行乐			新闻			戏曲			摇滚		
	算法一	算法二	算法三	算法一	算法二	算法三	算法一	算法二	算法三	算法一	算法二	算法三
140	95	92	96	95	92	90	85	80	75	90	95	93
141	95	97	96	110	102	95	90	85	90	90	95	93
142	100	92	91	125	122	150	95	90	85	90	90	93
143	90	87	91	130	122	150	110	100	95	95	95	98
144	95	92	91	105	97	90	95	90	90	100	95	98
145	90	87	86	105	102	105	90	80	85	100	100	98
146	90	87	86	105	102	100	90	85	85	100	100	103
147	90	87	86	105	92	95	105	100	100	90	90	93
148	85	82	86	70	67	75	105	100	100	105	100	103
149	95	92	91	100	102	100	105	100	100	105	100	103
150	105	97	96	100	92	95	95	90	90	110	105	103
151	110	102	96	100	97	95	110	95	90	120	110	113
152	90	87	86	115	102	100	80	80	75	115	115	123
153	80	82	81	105	107	110	90	85	85	90	90	88
154	80	77	81	105	102	105	100	95	90	90	95	93
155	75	77	81	95	82	90	90	85	85	95	100	98
156	95	92	91	60	67	75	100	90	90	90	90	93
157	95	92	91	80	82	80	95	85	90	95	95	93
158	90	92	91	85	82	85	100	95	90	85	90	93
159	90	92	91	100	97	100	100	90	90	90	95	93
160	90	92	91	100	102	105	95	90	90	90	95	93
161	90	87	86	105	92	90	85	80	80	110	115	123
162	95	92	91	60	67	75	90	80	85	110	105	103
163	95	92	91	90	82	75	90	85	85	110	105	108
164	85	82	81	105	97	100	100	90	90	115	115	113
165	90	87	86	115	107	100	110	95	90	105	105	108
166	95	87	91	115	102	95	120	110	100	105	110	103
167	80	82	81	100	92	95	85	80	80	90	90	93
168	85	82	81	105	102	105	85	80	85	95	95	98
169	85	82	86	85	77	75	90	85	85	95	95	98
170	95	92	91	70	67	75	85	85	85	90	95	93
171	105	97	96	60	67	75	80	80	80	110	115	118
172	115	102	96	60	67	75	80	80	80	100	100	98

续表

帧序号	流行乐			新闻			戏曲			摇滚		
	算法一	算法二	算法三	算法一	算法二	算法三	算法一	算法二	算法三	算法一	算法二	算法三
173	115	102	96	80	67	75	85	80	80	100	95	93
174	110	102	96	80	77	80	85	80	80	90	90	88
175	85	82	81	75	82	75	85	80	80	95	95	98
176	100	92	91	95	92	90	80	80	80	100	100	93
177	95	87	91	95	92	90	80	80	75	95	95	98
178	95	87	86	85	82	80	85	80	80	90	95	93
179	90	87	86	65	67	75	85	80	80	90	95	98
180	105	97	91	85	87	90	105	90	90	95	95	93
181	110	102	101	95	92	95	105	95	90	90	90	93
182	75	72	76	95	92	95	95	85	85	95	100	93
183	75	72	76	100	97	100	95	85	85	85	90	88
184	85	82	76	95	92	90	85	80	80	95	95	93
185	90	87	86	85	87	90	100	85	90	90	90	88
186	90	92	91	85	87	85	105	90	90	95	95	93
187	85	82	86	95	97	100	115	100	90	95	95	93
188	75	77	76	75	72	75	95	85	85	85	85	88
189	80	77	81	75	77	75	95	85	85	85	85	83
190	90	82	81	100	102	95	95	85	90	85	85	88
191	100	92	86	95	97	100	75	75	75	90	90	93
192	100	92	91	100	92	95	60	65	75	105	105	103
193	100	92	91	120	107	105	60	65	75	90	95	93
194	110	102	101	120	112	150	60	65	75	85	80	78
195	105	102	96	70	72	75	75	75	75	85	90	88
196	60	67	76	75	72	75	85	80	85	85	80	78
197	65	67	76	90	92	85	100	90	95	80	85	78
198	80	82	76	105	102	105	100	90	90	80	80	83
199	85	87	86	105	107	110	95	95	95	80	85	88
200	95	92	91	105	102	105	90	85	90	85	85	83
201	105	97	96	100	87	90	95	90	90	85	85	83
202	100	97	96	100	97	100	95	90	90	95	95	98
203	100	92	91	100	97	95	95	90	90	95	100	103
204	80	77	81	110	97	95	105	100	100	95	95	98
205	85	87	86	115	102	100	120	105	105	95	95	98

续表

帧序号	流行乐			新闻			戏曲			摇滚		
	算法一	算法二	算法三	算法一	算法二	算法三	算法一	算法二	算法三	算法一	算法二	算法三
206	90	87	91	60	67	75	105	90	90	90	90	93
207	95	92	91	80	82	80	75	75	75	100	100	98
208	95	92	91	95	92	95	75	70	75	85	85	88
209	95	87	86	95	97	100	75	70	75	90	90	88
210	105	102	96	95	92	90	80	80	80	80	85	83
211	75	72	76	95	97	90	95	90	90	85	85	88
212	95	92	96	90	87	90	105	100	100	95	95	98
213	95	92	96	75	77	75	115	100	100	95	100	103
214	95	92	91	105	102	105	110	100	95	85	90	88
215	95	92	96	100	92	100	110	100	100	100	100	98
216	100	92	96	100	97	95	95	90	90	95	100	103
217	95	92	91	95	92	95	95	85	90	105	110	113
218	90	92	91	95	92	90	95	90	90	95	90	93
219	95	87	91	95	87	90	100	90	90	95	95	93
220	90	87	91	100	97	100	95	85	85	95	95	98
221	85	82	86	100	102	100	80	80	80	100	100	103
222	95	87	86	105	102	105	65	65	75	105	110	108
223	95	92	91	105	102	105	60	65	75	105	110	108
224	90	87	86	80	82	80	75	70	75	95	95	98
225	90	82	86	80	77	80	95	85	85	105	110	113
226	95	92	86	100	102	100	90	90	90	105	105	103
227	105	102	96	100	97	100	95	90	95	95	100	98
228	110	102	101	125	117	150	95	90	90	95	95	103
229	120	117	116	75	77	80	100	95	95	95	90	93
230	125	117	136	100	102	100	95	90	85	100	100	98
231	115	107	106	95	97	100	95	90	85	100	100	98
232	115	107	106	85	82	85	95	90	90	95	100	98
233	105	102	96	90	92	90	90	85	90	120	115	118
234	100	92	91	100	97	95	95	90	90	125	120	118
235	85	82	81	115	102	100	95	90	90	125	120	123
236	80	77	81	95	92	95	105	95	90	120	115	118
237	85	82	86	85	87	90	110	100	90	105	105	103
238	115	102	101	80	77	80	115	105	90	105	105	108
239	110	102	101	80	82	80	110	100	95	100	100	103
240	95	92	86	80	77	80	105	95	90	95	95	98

附录 4　术语表

术语表　　**附表 4**

英文缩写	英文全写	名称
AAC	Advanced Audio Coding	高级音频编码
ACR	Absolute Category Rating	绝对等级评价
AM	Amplitude Modulation	幅度调制
APSK	Amplitude Phase Shift Keying	幅度相位键控
BICM	Bit Interleaved Coded Modulation	比特交织编码调制
BWG	Bandwidth Gain	频谱增益
CR	Cognitive Radio	认知无线电
CCR	Comparison Category Rating	相对等级评价
DAB	Digital Audio Broadcasting	数字音频广播
DCR	Degradation Category Rating	失真等级评价
DRM	Digital Radio Mondiale	数字调幅广播
LDPC	Low Density Parity Code	低密度奇偶校验码
SDD	Spectrum Dynamic Distribution	频谱动态分配
STBC	Space Time Block Code	空时分组码
FCC	Federal Communications Commission	联邦通信委员会
FDM	Frequency Domain Masking	频域掩蔽
FFT	Fast Fourier Transform	快速傅里叶变换
FM	Frequency Modulation	频率调制
FP	Frequency Partitions	频谱子块
HD Radio	High Definition Radio	高清晰度广播
HDTV	High Definition Television	高清晰度电视
IBOC	In Band On Channel	带内同频
ITU	International Telecommunications Union	国际电信联盟
ME	Masking Effect	掩蔽效应
MOS	Mean Option Score	平均意见分
MOV	Model Output Variables	模型输出变量
NL	Noise Loudness	噪声响度
NMN	Noise Masking Noise	噪音掩蔽噪音
NMR	Noise to Mask Ratio	噪声掩蔽比
NMT	Noise Masking Tone	噪音掩蔽音调

续表

英文缩写	英文全写	名称
NSCM	NMR and Spectrum Combined Method	NMR 和频谱联合法
NSD	Auditory Spectral Difference	听觉频谱差异模型
ODG	Objective Difference Grade	客观差异等级
OFDM	Orthogonal Frequency Division Multiplexing	正交频分复用
PEAQ	Perceptual Evaluation of Audio Quality	音频质量感知评价
PAM	Psycho-acoustic Model	心理声学模型
PM	Perceptual Model	感知模型
QAM	Quadrature Amplitude Modulation	正交幅度调制
QPSK	Quadrature Phase Shift Keying	四相相移键控
SDG	Subjective Difference Grade	主观差异等级
TDM	Temporal Domain Masking	时域掩蔽
TMN	Tone Masking Noise	音调掩蔽噪音
TMT	Tone Masking Tone	音调掩蔽音调
VHF	Very High Frequency	甚高频

附录 5 插图清单

插图清单 **附表 5**

续表

图号	图　　名
图 2-10	频率间隔 200kHz 时的邻频干扰情况
图 2-11	频率间隔 300kHz 时的邻频干扰情况
图 2-12	HD Radio 系统干扰 FM 信道的射频保护率曲线
图 2-13	数模同播的频谱结构对比
图 2-14	300kHz 数模同播信号对 FM 的射频保护率模型
图 2-15	LT10. 7MA5 陶瓷滤波器的幅频特性
图 2-16	射频保护率曲线对比
图 2-17	HD Radio 发射接收模型
图 2-18	HD Radio MP1 模式噪声功率分布图
图 2-19	流行乐节目的时域波形
图 2-20	特定帧的噪声频谱分布
图 2-21	HD Radio 系统 FM 模拟接收机 SNR 变化图
图 2-22	频谱动态分配后的频谱结构
图 2-23	频谱动态分配方法力求达到的效果展示
图 2-24	基于频谱动态分配的 FM 带内同频数字广播方案
图 2-25	HD Radio 系统和改进的数模同播方案频谱结构对比
图 3-1	时域掩蔽效应
图 3-2	频率掩蔽效应
图 3-3	PEAQ 原理图
图 3-4	外耳中耳特性曲线
图 3-5	听觉滤波带分组方法
图 3-6	频域和 Bark 域之间的对应关系图
图 3-7	子带内部噪声
图 3-8	神经网络计算 ODG 结构图
图 3-9	数字信号不同带宽时 HD Radio 系统发射接收模型
图 3-10	新闻节目时域波形
图 3-11	NMR 计算过程详细框图
图 3-12	改进的数模同播系统的评估模型
图 3-13	$NMR_{_all}$的测量方法框图
图 3-14	流行乐节目数字信号不同带宽时 NMR 变化
图 3-15	新闻节目数字信号不同带宽时 NMR 变化

续表

图号	图　名
图 4-1	NMR 搬移法算法图
图 4-2	NMR 搬移法质量检验
图 4-3	各类节目 NMR 搬移法搜寻结果
图 4-4	各类节目 NMR 搬移法数字频谱分布
图 4-5	频谱整体外移法算法图
图 4-6	频谱整体外移法质量检验
图 4-7	各类节目频谱整体外移法搜寻结果
图 4-8	各类节目频谱整体外移法数字频谱分布
图 4-9	NSCM 法算法图
图 4-10	各类节目 NSCM 法搜寻结果
图 4-11	各类节目 NSCM 法数字频谱分布
图 4-12	NMR 搬移法
图 4-13	频谱整体外移法
图 4-14	NSCM 法
图 4-15	流行乐节目三种算法的相对频谱位置
图 4-16	新闻节目三种算法的相对频谱位置
图 4-17	戏曲节目三种算法的相对频谱位置
图 4-18	摇滚节目三种算法相对频谱位置
图 4-19	流行乐节目三种算法频谱分布对比
图 4-20	新闻节目三种算法频谱分布对比
图 4-21	戏曲节目三种算法频谱分布对比
图 4-22	摇滚节目三种算法频谱分布对比
图 5-1	改进的数模同播广播系统方案
图 5-2	新系统方案搜寻的数字频谱起始位置
图 5-3	固定频谱位置和动态频谱位置时模拟 FM 信号的 NMR 对比
图 5-4	改进的数模同播广播系统方案净信息速率的分布情况

附录 6　表格清单

表格清单　　　**附表 6**

表号	表　名
表 2-1	HD Radio 系统各逻辑信道双边带删除卷积码
表 2-2	符号及变量说明
表 2-3	LT10.7MA5 陶瓷滤波器的参数
表 3-1	主观评价等级
表 3-2	PEAQ 基本版本 MOV 值
表 3-3	主观评分等级
表 3-4	特殊帧的仿真数据
表 3-5	HD Radio 不同模式下 6 类节目的 $NMR_{_all}$值(dB)
表 3-6	HD Radio 不同模式下 6 类节目的 $ODG_{_all}$值
表 4-1	符号及变量定义
表 4-2	NMR 搬移法测试结果
表 4-3	频谱整体外移法测试结果
表 4-4	NSCM 法测试结果
表 4-5	不同算法带宽增益对比
表 4-6	不同测试方法参数对比
表 5-1	改进的系统方案中数字信号速率达到 70kbps 帧数百分比

附录 7　作者介绍

方伟伟，1986 年生，博士，2014 年毕业于中国传媒大学通信与信息系统专业，现任职于南阳理工学院。研究方向为：数字广播技术及音频指纹识别。近年来发表学术论文 10 余篇，授权发明专利 9 项，参与 863 项目 1 项，主持河南省教育厅项目 1 项，参与河南省教育厅项目 3 项。

主要论文：

1. 方伟伟，陈远知. Metric-based and angle-rotated tone reservation scheme for PAPR re-

duction in OFDM systems. Chinese Journal of Electronics（电子学报英文版）. ISSN：1022-4653. 2013，22（4）：803-806. SCIE 期刊

2. 方伟伟，杨刚. A Dynamic Spectrum Access Scheme Based on Psychoacoustics for IBOC System. Journal of Information and Computational Science. ISSN：1548-7741. 2013. 8. EI 期刊
3. 方伟伟，李建平. A Novel Mapping Scheme and Modified Decoding Algorithm for BICM-ID. High Technology Letters（高技术通讯英文版）. ISSN：1006-6748. 2013，19（1）：70-75. EI 期刊
4. 方伟伟，杨刚. Research on Evaluation Model of Digital-analog Interference for IBOC. ITMI 2013. 2013：823-827.
5. 方伟伟，李建平. 基于 BICM-ID 系统的优化符号映射方案. 中国传媒大学学报（自然科学版）. 2013，20（2）：19-23.
6. 方伟伟，蔡超时. 基于频谱动态分配的带内同频 FM 数字广播方案. 广播与电视技术. 2014，41（2）：111-119.
7. 方伟伟，陈远知. HD Radio 系统中预留子载波降低 PAPR 的方法研究. 通信技术. 2014，47（3）：266-270.
8. 王菲，杨刚，方伟伟. Statistical Analysis of the Effective Bandwidth for FM HD Radio. CISEM 2013. 2013：441-444. 中国长沙. 国际会议. EI 检索
9. 王威，杨刚，方伟伟. Study of Dynamic Spectrum Access Scheme in HD Radio. IFMME 2013. 2013：1685-1689. 中国广州. 国际会议. EI 检索
10. 焦玮，杨刚，方伟伟. A Dynamic Spectrum Access Method for IBOC Broadcasting Based on the Ear Perception. ICMEE 2013. 2013：839-842. 中国天津. 国际会议. EI 检索
11. 王威，方伟伟. BICM-ID 系统中的一种自适应符号映射方案. 中国传媒大学学报（自然科学版）. 2013，20（3）：53-57.

发明专利：

1. 方伟伟，杨刚. 基于心理声学模型的 IBOC 系统的数据发送方法. 授权号：ZL201210496019. 0.
2. 方伟伟，陈远知. 基于 Anti-Gary 映射的 4D-QPSK 星座设计方法. 授权号：ZL201310413548. 4.
3. 方伟伟，杨刚. 基于人耳感知的 DRM＋系统的动态数据发送方法. 授权号：ZL201310557682. 1.
4. 方伟伟，杨刚. 数字频谱动态接入的带内同频系统. 授权号：ZL201310556269. 3.
5. 蔡超时，杨刚，方伟伟. 基于人耳感知的 IBOC 系统的动态数据发送方法. 授权号：ZL201210496018. 6.
6. 杨刚，蔡超时，万欣，王菲，方伟伟. 一种提高 IBOC 系统数字信号传输能力的方法. 授权号：ZL201210495496. 5.
7. 王菲，杨刚，刘晋，方伟伟. 基于人耳感知的 IBOC 系统的数字频谱检测方法. 授权号：ZL201210494974. 0.

8. 杨刚，杨霏，刘晋，方伟伟. 基于 HD Radio 系统的动态频谱接入方法. 授权号：ZL201310557578. 2.
9. 杨刚，杨霏，蒋蓝祥，方伟伟. 基于 DRM＋系统的 NMR 移位数字频谱接入方法. 授权号：ZL201310556969. 2.

奖励：

1. 2014 年度《广播与电视技术》十佳优秀论文奖，《基于频谱动态分配的带内同频 FM 数字广播方案》，第一作者，国家新闻出版广电总局广播电视规划院，2015 年 10 月
2. 2015 年度中国电影电视技术学会影视科技优秀论文一等奖，《最高功放效率 PAPR 抑制评估标准和迭代准则》，第四作者，中国电影电视技术学会，2016 年 2 月

其他：

已获软件著作权：自动检测接收机声音质量软件，登记号：2013SR072866，2013 年 7 月，中华人民共和国国家版权局。

参考文献

[1] 王继康. 数字调幅广播系统中的信道编码和调制技术研究 [D]. 合肥：中国科技大学，2006.

[2] 张光华，门爱东. 关于中国数字声音广播的讨论 [J]. 电声技术. 2011，35 (8)：69-72.

[3] 王彬，张毅坤. 数字音频广播服务综述 [J]. 电声技术. 2003，5：65-68.

[4] ETSI EN 300 401 V1. 3. 1. Digital Audio Broadcasting (DAB) to mobile [S], portable and fixed receivers. European Broadcasting Union and Union Europenne de Radio-T616vision，2000.

[5] 李栋. FM 广播数字化与 DRM+技术系统 [J]. 广播与电视技术. 2008，35 (11)：32-38.

[6] Wikipedia. Digital Audio Broadcasting [EB/OL]. [2014-05-15]. http：//en. wikipedia. org/wiki/Eureka-147.

[7] Wikipedia. IBOC [EB/OL]. [2014-05-15]. http：//en. wikipedia. org/wiki/IBOC.

[8] 解放. 盘点丰富我们生活的数字声音广播技术 [J]. 实用影音技术. 2012，10：50-57.

[9] Wikipedia. FMeXtra [EB/OL]. [2014-05-15]. http：//en. wikipedia. org/wiki/FMeXtra.

[10] iBiquity. Digital Corporation [EB/OL]. [2014-05-15]. http：//ibiquity. com/about _ us/company _ history.

[11] Wikipedia. HD Radio [EB/OL]. [2014-05-15]. http：//en. wikipedia. org/wiki/HD _ Radio.

[12] DORTCH，MARLENE H. Digital audio broadcasting systems and their impact on the terrestrial radio broadcast service [C]. New York：Federal Communication Commission，2008.

[13] TUCKER，KEN. FCC approves HD radio rules [C]. New York：Mediaweek (Nielsen Business Media)，2008.

[14] FCC，Current HD Radio Licensees [EB/OL]. [2014-05-15]. http：//www. fcc. gov/encyclopedia/iboc-digital-radio-broadcasting-am-and-fm-radio-broadcast-stations.

[15] Over of HD Radio Technology. iBiquity Digital Corporation [EB/OL]. [2017-07-15]. http：//www. ibiquity. com/international/general _ overview.

[16] 吴智勇等. HD Radio 小规模外场试验 [J]. 广播与电视技术. 2011，38 (6)：27-29.

[17] 盛国芳等. FM HD Radio 系统实验室测试及分析 [J]. 广播与电视技术. 2011，38 (6)：22-26.

[18] 盛国芳等. HD Radio 传输系统实验室性能测试 [J]. 广播与电视技术. 2009，39 (4)：55-58.

[19] FENG Y F，LI J P，DONG Y，SHA S. Coded modulation scheme with CPPC

codes for FM IBOC broadcasting [C]. 2009 International Conference on Management and Service Science. New York: IEEE, 2009.

[20] 刘佳，李建平. 基于编织码（woven code）的 IBOC 信道编码方案 [J]. 中国传媒大学学报（自然科学版）. 2008，15（1）：61-63.

[21] SONG Y, LI J P, CAI C S. An improved code modulation scheme with STBC for FM IBOC broadcasting [C]. 2010 IEEE International Conference on Emergency Management and Management Sciences. New York: IEEE, 2010.

[22] LIU S Y, YANG G, LI J P. An improved implementation scheme based on BICM for IBOC-AM [C]. 2010 2nd International Conference on Advanced Computer Control. New York: IEEE, 2010.

[23] FANG W W, YANG G, LI J P. An improved channel coding scheme based on Turbo-BICM for IBOC-AM [C]. 2010 2nd International Conference on Advanced Computer Control. New York: IEEE, 2010.

[24] FANG W W, LI J P, CAI C S, SUN R. Analysis of symbol mapping based on BICM-ID for FM IBOC [C]. 2010 International Conference on Computer Application and System Modeling. New York: IEEE, 2010.

[25] FANG WW, LI J P, CAI C S. Advanced modulation schemes based on BICM-ID for FM IBOC [C]. 2010 International Conference on Computer Application and System Modeling. New York: IEEE, 2010.

[26] 周敏，李建平，宋金宝. 一种实现 IBOC 数字音频广播系统中复用技术的方法 [J]. 中国传媒大学学报（自然科学版）. 2009，16（3）：19-23.

[27] 郑德亮，任芳琴，蔡超时. FM IBOC DAB 系统第一邻频道干扰研究 [J]. 中国传媒大学学报（自然科学版）. 2006，13（4）：78-81.

[28] ITU-T Recommendation P. 800, Methods for Subjective Determination of Transmission Quality [S]. Geneva: Switzer- land: ITU, 1996.

[29] ITU-T Recommendation P. 830, Subjective Performance Assessmentof Telephone-Band and Wideband Digital Codecs [S]. Geneva: Switzerland: ITU, 1996.

[30] ITU-T Recommendation P. 835, Subjective Test Methodology for Evaluating Speech Communication Systems That Including Noise Suppression Algorithm. Geneva [S]. Switzerland: ITU, 2003.

[31] ITU-R Recommendation BS. 1116-1, Methods for the Subjective Assessment of Small Impairments in Audio Systems Including Multichannel Sound Systems [S], 1997.

[32] ITU-R Recommendation BS. 1354-1, Methods for theSubjectiveAssessment of Intermediate Audio Quality [S]. Geneva: Switzerland: ITU, 2003.

[33] KATO M, SUGIYAMA A, SERIZAWA M. A wideband noise suppressor for the AMR wideband speech codec [C]. 2002 IEEE Speech Coding Workshop. New York: IEEE, 2002.

[34] COMBRSCURE P, LE G A, GILLOIRE A. Quality evaluation of 32 kbit/s coded

speech by means of degradation category ratings [C]. IEEE International Conference on Acoustics, Speech, and Signal Processing. New York: IEEE, 1982.

[35] CREUSERE C D. An analysis of perceptual artifacts in MPEG scalable audio coding [C]. Data Compression Conference Proceedings. New York: IEEE, 2002.

[36] SCHROEDER M R, ATAL B S. Objective measure of certain speech signal degradations based on masking properties of human audi tory perception [C]. New York: Frontiers of Speech Communication Research, 1979.

[37] KARJALAINEN M. A new auditory model for the evaluation of sound quality of audio system [C]. IEEE International Conference on Acoustics, Speech, and Signal Processing. New York: IEEE, 1985.

[38] BRANDENBURG K. Evaluation of quality for audio encoding at low bitrates [C]. London: Contribution to the 82nd AES Convention, 1987.

[39] RIX A W, BEERENDS J G, HOLLIER M P. Perceptual evaluation of speech quality (PESQ)-a new method for speech quality assessment of telephone networks and codecs [C]. 2001 IEEE International Conference on Acoustics, Speech, and Signal Processing. New York: IEEE, 2001.

[40] BOUCHARD M, PAILLARD B. Improved training of neural networks for the nonlinear active control of sound and vibration [J]. IEEE Transactions on Neural Networks, 1999, 10 (2): 391-401.

[41] PASTRANA-VIDAL RR, COLOMES C. Perceived quality of an audio signal impaired by signal loss [C]. Psychoacoustic Tests and Prediction Model. New York: IEEE, 2007.

[42] BEERENDS J G, STEMERDINK J A. A perceptual speech quality measurebased on a psychoacoustic sound representation [J]. Journal of the Audio Eng Soc, 1992, 40 (12): 963-978.

[43] ITU-T Recommendation P. 861, Objective Quality Measurement of Telephone-band (300-3400Hz) Speech Codecs [S]. Geneva, Switzerland: ITU, 1998.

[44] ITU-T Recommendation P. 862, Perceptual Evaluation ofSpeech Quality (PESQ): An Objective Method for End-To-End Speech QualityAssessment of Narrowband Telephone Net-works and Speech Codecs [S]. Geneva, Switzerland: ITU, 2001.

[45] ITU-T Recommendation P. 862. 2, Wide- band Extension toRecommendation for the Assessment of Wideband Telephone Networks and Speech Codecs [S]. Geneva, Switzerland: ITU, 2005.

[46] ITU-T Recommendation P. 562, Analysis and Interpretation of INMD Voice-Service Measurements [S]. Geneva: Switzerland: ITU, 2000.

[47] ITU-T Recommendation P. 563, Single- Ended Method for Objective Speech Quality Assessment in Narrow-Band Telephony Application [S]. Geneva, Switzerland: ITU, 2004.

[48] ITU-R Recommendation BS. 1387, Method for Objective Measurements of Per-

ceived Audio Quality [S]. Geneva, Switzerland: ITU, 1999.

[49] KOTZER I, HAR-NEVO S, SODIN S, et al. An analytical approach to the calculation of EVM in clipped multi-carrier signals [J]. IEEE Transactions on Communications, 2012, 60 (5): 1371-1380.

[50] AL-SAFADI E B, AL-NAFFOURI T Y. Peak reduction and clipping mitigation in OFDM by augmented compressive sensing [J]. IEEE Transactions on Signal Processing, 2012, 60 (7): 3834-3839.

[51] 王超波. 认知无线通信系统中频谱感知与资源管理技术研究 [D]. 西安: 西安电子科技大学, 2011.

[52] GANDETTO M, GUAINAZZO M, REGAZZONI S. Use of time-frequency analysis and neural networks for mode identification in a wireless software-defined radio approach [J]. EURASIP Journal on Applied Signal Processing, 2004, 12: 1778-1790.

[53] GANDETTO M, REGAZZONI C. Spectrum sensing: a distributed approach for cognitive terminals [J]. IEEE Journal on Selected Areas in Communications, 2007, 25 (3): 546-557.

[54] URKOWITZ H. Energy detection of unknown deterministic signals [J]. Proceedings of the IEEE, 1967, 55 (4): 523-531.

[55] AMOROSO F. Institute of electrical and electronics engineers. Process in Spread Spectrum Communications [C]. IEEE Military Communications Conference MILCOM' 82. New York: IEEE, 1982.

[56] 隋丹, 葛临东, 屈丹. 一种新的基于能量检测的突发信号存在性检测算法 [J]. 信号处理. 2008, 24 (4): 614-617.

[57] 张瑛瑛, 陶洋. 一种基于能量检测的协作感知技术的改进 [J]. 通信技术. 2008, 41 (8): 104-106.

[58] SIMON M K, OMURA J K, SCHOLTZ R A. Spread spectrum communications [J]. IEEE, 1985, 3 (8): 243-247.

[59] ONER M, JONDRAL F. Cyclostationarity-based methods for the extraction of the channel allocation information in a spectrum pooling system [C]. Proc. of IEEE Radio and Wireless Conference. New York: IEEE, 2004.

[60] GARDNER W A. Signal interception: a unifying theoretical framework for feature detection [J]. IEEE Transactions on Communications, 1998, 36 (8): 897-906.

[61] GARDNER W A. Spectral correlation theory of cyclostationary time-series [J]. Signal Processing, 1986, 11 (2): 13-36.

[62] GARDNER W A. Statistical spectral analysis: anon-probabilistic theory [C]. Englewood Cliffs: Prentiee-Hall. 1988.

[63] GARDNER W A. Spectral correlation of modulated signals, Part I-Analog modulation [J]. IEEE Transactions on Communications, 1987, 35 (6): 584-594.

[64] 陈星, 贺志强, 吴伟陵. 基于循环平稳的多天线感知无线电频谱检测 [J]. 2008,

31 (2): 85-89.

[65] 万欣. IBOC数字音频广播系统中信道编码方案研究 [D]. 北京: 中国传媒大学, 2008.

[66] Federal Communications Commission. Code of Federal Regulations [S]. New York: IEEE, 1994.

[67] 吴智勇, 高鹏, 邸娜. HD Radio技术在FM频段的应用分析 [J]. 广播与电视技术. 2008, 35 (11): 39-43.

[68] ITU-R BS. 641, Determination of Radio-Frequency Protection Ratios for Frequency-Modulated Sound Broadcasting [S]. New York: IEEE, 2007.

[69] Federal Network Agency/Fachhochschule Kaiserslautern-Compatibility Measurements [S]. New York: IEEE, 2007.

[70] CARSON J R. Notes on the theory of modulation [J]. Proceedings of the Institute of Radio Engineers, 1922, 10 (1): 57-64.

[71] 李琳. 音频感知编码模型及关键技术的研究 [D]. 合肥: 中国科学技术大学, 2008.

[72] ITU-R Recommendation BS. 1116-1, Methods for the Subjective Assessment of Small Impairments in Audio Systems Including Multichannel Sound Systems [S]. New York: IEEE, 1997.

[73] 孙明. PEAQ音频质量评价算法研究与实现 [D]. 大连: 大连理工大学, 2009.

[74] 陈国, 胡修林, 张蕴玉等. 语音质量客观评价方法研究进展 [J]. 电子学报. 2001, 29 (4): 1-5.

[75] JONES A E, WILKINSON T A, BARTON S K. Block coding scheme for reduction of peak to mean envelope power ratio of multicarrier transmission schemes [J]. Electronics Letters, 1994, 30 (25): 2098-2099.

[76] CIMINI L J, SOLLENBERGER N R. Peak-to-average power ratio reduction of an OFDM signal using partial transmit sequences [J]. Communications Letters, 2000, 4 (3): 86-88.

[77] KWON O J, HA Y H. Multi-carrier PAP reduction method using sub-optimal PTS with threshold [J]. IEEE Transaction on Broadcasting, 2003, 49 (2): 232-236.

[78] WANG F, WENG F, WANG Z C. A novel sub-optimal PTS algorithm for controlling PAPR of OFDM signals [C]. 2010 IEEE International Conference on Information Theory and Information Security. New York: IEEE, 2010.

[79] GATHERER A, POLLEY M. Controlling clipping probability in DMT transmission [C]. Conference Record of the Thirty-First Asilomar Conference on Signals, Systems and Computers. New York: IEEE, 1997.

[80] WANG K, BARKOWSKY M. Perceived 3D TV transmission quality assessment: multi-laboratory results using absolute category rating on quality of experience scal [J]. IEEE Transactions on Broadcasting, 2012, 58 (4): 544-557.

[81] DIMOLITSAS S, CORCORAN F L, RAVISHANKAR C. Dependence of opinion

scores on listening sets used in degradation category rating assessments [J]. IEEE Transactions on Speech and Audio Processing，1995，3 (5)：421-424.

[82] CREUSERE C D. Understanding perceptual distortion in MPEG scalable audio coding [J]. IEEE Transactions on Speech and Audio Processing，2005，13 (3)：422-431.

[83] 杨刚. 带内同频广播系统中动态频谱接入技术研究 [D]. 北京：中国传媒大学，2013.

[84] WANG F，YANG G，FANG WW. Statistical analysis of the effective bandwidth for FM HD radio [C]. Proceedings of the International Conference on Control Engineering and Information System. New York：IEEE，2013.

[85] FANG W W，YANG G，WANG F，et al. A dynamic spectrum access scheme based on psychoacoustics for IBOC system [J]. Journal of Information and Computational Science，2014，11 (6)：2019-2027.

[86] FANG W W，YANG G，WANG F，et al. Research on evaluation model of digital-analog interference for IBOC [C]. The 2nd International Conference on Information Technology and Management Innovation. New York：Trans Tech Publications Ltd，2013.

[87] WANG W，YANG G，FANG W W. Study of dynamic spectrum access scheme in HD radio [C]. 2013 International Forum on Mechanical and Material Engineering. New York：Trans Tech Publications Ltd，2013.

[88] JIAO W，YANG G，FANG W W. A dynamic spectrum access method for IBOC broadcasting based on the ear perception [C]. The 4th International Conference on Manufacturing Science and Technology. New York：Trans Tech Publications Ltd，2013.

[89] 张道永. 噪声品质主观评价中若干问题的研究及其应用 [D]. 合肥：合肥工业大学，2006.